Introduction

Welcome to Math Squares. Each square comprises 8 intersecting sums, 4 across and 4 down. This makes the 8 sums a lot more interesting.

Remember to **divide and multiply before adding and subtracting.** In maths, this is called the order of precedence. If a sum has both divide and multiply, you may do either of these first, whichever is easiest. The result will be the same.

No calculators, please use a pen and paper instead. Your brain will thank you.

The sums may seem difficult but your skills will quickly improve and you will not become bored with easy-to-solve sums.

To help we have added the 13,14,15,16 times tables at the back of the book along with the solutions to the sums.

Enjoy your mental arithmetic, you will soon feel the amazing difference it makes to how quickly you can add up numbers.

No. 1

95	-	3	x	24	÷	8	=	
-		-		+		+		
5	+	15	+	3	-	6	=	
x		+		+		x		
78	-	56	+	84	÷	12	=	
÷		÷		÷		÷		
6	-	7	x	12	÷	6	=	
=		=		=		=		

No. 2

60	-	10	+	50	÷	10	=	
-		+		-		+		
2	-	4	x	16	-	6	=	
+		+		x		x		
91	-	11	+	90	÷	15	=	
÷		-		÷		÷		
7	+	4	x	15	÷	5	=	
=		=		=		=		

No. 3

50	+	3	x	48	÷	6	=	
-		-		+		+		
9	+	13	+	13	-	4	=	
x		x		x		x		
91	+	18	x	5	-	64	=	
÷		÷		-		÷		
7	+	6	+	8	-	16	=	
=		=		=		=		

No. 4

43	+	15	x	56	÷	7	=	
+		-		+		-		
7	+	12	x	15	-	16	=	
x		x		x		+		
98	+	48	+	25	-	32	=	
÷		÷		÷		÷		
14	+	8	x	5	-	8	=	
=		=		=		=		

No. 5

42	+	10	x	3	-	14	=	
+		-		+		-		
8	-	3	x	30	÷	6	=	
x		x		x		x		
80	+	12	x	12	-	16	=	
÷		-		÷		-		
10	-	11	x	2	-	8	=	
=		=		=		=		

No. 6

36	+	9	x	11	-	5	=	
+		+		+		-		
16	+	6	x	6	-	13	=	
x		x		x		+		
3	-	60	x	90	÷	45	=	
-		÷		÷		÷		
5	+	10	x	10	÷	5	=	
=		=		=		=		

No. 7

56	+	11	+	20	÷	5	=	
-		+		+		-		
10	+	8	x	75	÷	15	=	
x		x		x		x		
96	-	6	x	60	÷	15	=	
÷		-		÷		-		
16	-	14	+	15	÷	5	=	
=		=		=		=		

No. 8

18	+	3	x	70	÷	14	=	
+		+		-		+		
11	-	7	x	75	÷	5	=	
x		x		+		+		
80	-	48	+	81	÷	9	=	
÷		÷		-		-		
16	-	12	x	16	÷	4	=	
=		=		=		=		

No. 9

31	+	11	+	80	÷	8	=	
-		-		-		-		
3	-	14	x	11	-	9	=	
x		x		+		x		
48	-	90	x	48	÷	12	=	
÷		÷		÷		÷		
6	+	6	+	6	-	6	=	
=		=		=		=		

No. 10

27	+	7	x	4	-	14	=	
+		-		+		-		
11	-	13	x	56	÷	7	=	
x		+		x		x		
10	-	8	x	72	÷	12	=	
-		÷		÷		-		
6	-	4	+	18	÷	6	=	
=		=		=		=		

No. 11

49	+	11	x	10	-	11	=	
-		+		+		+		
2	+	10	x	6	÷	2	=	
x		x		+		x		
75	+	36	+	72	÷	6	=	
÷		÷		-		-		
15	+	12	+	80	÷	10	=	
=		=		=		=		

No. 12

96	+	10	x	98	÷	14	=	
+		-		+		+		
10	+	6	+	25	÷	5	=	
x		x		x		+		
45	+	35	+	60	-	11	=	
÷		÷		÷		-		
15	-	7	x	12	÷	6	=	
=		=		=		=		

No. 13

64	+	4	+	39	÷	13	=	
+		-		+		-		
7	-	10	x	6	-	10	=	
x		x		+		x		
60	+	4	x	72	÷	36	=	
÷		-		÷		÷		
15	+	8	+	12	-	12	=	
=		=		=		=		

No. 14

58	-	14	+	7	-	6	=	
-		+		+		+		
11	+	16	x	90	÷	15	=	
x		+		+		x		
84	+	24	x	96	÷	16	=	
÷		÷		÷		-		
14	-	6	+	24	÷	6	=	
=		=		=		=		

No. 15

47	+	2	x	42	÷	6	=	
+		-		+		+		
15	+	3	x	36	÷	6	=	
+		x		+		x		
65	+	56	+	84	÷	12	=	
÷		÷		-		÷		
13	+	14	x	90	÷	6	=	
=		=		=		=		

No. 16

21	-	4	x	7	-	14	=	
+		+		-		-		
3	+	7	x	36	÷	12	=	
x		x		+		x		
8	-	11	x	64	÷	16	=	
÷		-		-		-		
2	+	5	x	12	-	16	=	
=		=		=		=		

No. 17

68	+	9	x	3	-	12	=	
+		+		+		+		
12	+	8	x	12	-	9	=	
x		x		+		x		
6	-	50	+	80	÷	16	=	
-		÷		÷		÷		
16	-	5	+	40	÷	8	=	
=		=		=		=		

No. 18

86	+	13	x	13	-	8	=	
+		+		+		+		
15	+	16	+	8	÷	4	=	
+		+		+		+		
18	-	91	+	98	÷	14	=	
÷		÷		-		-		
6	+	13	+	66	÷	11	=	
=		=		=		=		

No. 19

91	-	15	+	80	÷	8	=	
+		-		-		+		
3	-	8	x	50	÷	10	=	
x		x		x		+		
60	+	63	+	18	÷	6	=	
÷		÷		÷		÷		
5	+	7	x	6	-	2	=	
=		=		=		=		

No. 20

26	+	10	x	52	÷	13	=	
+		+		+		+		
2	-	11	+	64	÷	16	=	
x		x		x		x		
16	-	7	x	60	÷	10	=	
-		-		÷		÷		
8	-	7	x	15	÷	5	=	
=		=		=		=		

No. 21

20	+	14	+	84	÷	6	=	
+		-		-		-		
6	-	5	+	70	÷	5	=	
x		x		x		+		
40	+	91	x	48	÷	24	=	
÷		÷		÷		÷		
10	-	13	x	12	-	6	=	
=		=		=		=		

No. 22

73	+	10	x	24	÷	6	=	
-		+		+		+		
10	+	3	+	30	÷	6	=	
x		x		+		x		
45	+	13	x	15	-	48	=	
÷		-		-		÷		
9	+	13	x	72	÷	6	=	
=		=		=		=		

No. 23

85	-	10	x	5	-	10	=	
-		-		-		-		
3	+	12	+	54	÷	6	=	
x		+		+		x		
2	+	39	x	30	÷	10	=	
-		÷		÷		÷		
14	+	13	x	10	÷	5	=	
=		=		=		=		

No. 24

62	-	10	+	8	-	13	=	
-		+		-		+		
2	-	8	+	3	-	15	=	
x		+		x		x		
64	+	56	x	70	÷	14	=	
÷		÷		÷		÷		
16	+	7	x	7	-	7	=	
=		=		=		=		

No. 25

71	+	2	x	88	÷	8	=	
-		+		-		-		
13	+	7	x	30	÷	5	=	
+		x		+		x		
70	+	11	x	30	÷	10	=	
÷		-		÷		÷		
14	-	7	x	5	-	5	=	
=		=		=		=		

No. 26

83	-	6	+	14	-	12	=	
+		+		-		+		
4	+	9	x	49	÷	7	=	
x		x		x		x		
14	-	2	x	60	-	40	=	
-		-		÷		÷		
2	+	11	+	30	÷	5	=	
=		=		=		=		

No. 27

37	+	14	+	45	÷	9	=	
+		-		+		+		
10	+	10	+	8	-	11	=	
+		+		+		x		
90	-	35	x	20	÷	5	=	
÷		÷		÷		-		
10	-	7	x	10	÷	5	=	
=		=		=		=		

No. 28

64	+	7	x	16	÷	8	=	
+		+		+		+		
7	+	7	+	3	-	9	=	
+		+		+		+		
3	+	3	+	98	÷	14	=	
-		-		÷		÷		
11	-	7	+	49	÷	7	=	
=		=		=		=		

No. 29

80	+	5	x	30	÷	6	=	
+		+		+		-		
6	-	6	+	12	-	9	=	
+		x		x		x		
99	+	12	+	70	÷	10	=	
÷		-		÷		÷		
11	+	8	x	5	-	5	=	
=		=		=		=		

No. 30

42	-	6	x	24	÷	6	=	
-		+		-		-		
10	-	5	x	30	÷	6	=	
x		x		x		+		
7	+	8	x	56	÷	8	=	
-		-		÷		-		
15	+	14	+	14	÷	7	=	
=		=		=		=		

No. 31

24	+	6	x	70	÷	10	=	
+		+		-		+		
13	-	12	+	96	÷	16	=	
x		x		+		x		
16	+	24	+	44	÷	11	=	
-		÷		-		-		
7	-	8	x	11	-	5	=	
=		=		=		=		

No. 32

98	+	6	x	70	÷	7	=	
-		-		+		+		
5	+	15	x	90	÷	15	=	
x		+		+		x		
78	+	70	x	60	÷	30	=	
÷		÷		÷		÷		
6	+	14	+	30	÷	6	=	
=		=		=		=		

No. 33

52	+	5	x	30	÷	5	=	
+		+		+		+		
12	-	16	+	18	÷	6	=	
x		x		x		x		
84	+	13	+	60	÷	10	=	
÷		-		÷		-		
6	+	4	x	10	÷	5	=	
=		=		=		=		

No. 34

72	+	14	x	15	÷	5	=	
-		-		+		+		
9	+	6	x	4	-	11	=	
x		+		x		+		
6	-	11	x	48	÷	12	=	
-		-		÷		-		
6	-	12	x	8	-	6	=	
=		=		=		=		

No. 35

37	+	15	x	66	÷	6	=	
+		+		-		+		
3	+	16	+	6	-	12	=	
x		+		+		x		
14	-	11	x	75	÷	15	=	
÷		-		÷		÷		
7	-	9	x	15	÷	5	=	
=		=		=		=		

No. 36

30	+	13	x	8	-	12	=	
-		-		-		+		
5	-	13	x	3	-	13	=	
+		+		x		x		
10	+	2	+	96	÷	24	=	
-		-		÷		÷		
2	+	7	x	6	-	8	=	
=		=		=		=		

No. 37

57	+	15	x	99	÷	11	=	
+		+		+		+		
2	-	9	x	42	÷	14	=	
x		x		+		+		
60	+	12	+	84	÷	14	=	
÷		-		-		÷		
10	-	7	x	5	-	7	=	
=		=		=		=		

No. 38

65	+	16	+	75	÷	5	=	
-		+		-		+		
14	+	8	+	36	÷	9	=	
+		+		+		+		
10	-	30	x	14	÷	7	=	
-		÷		-		-		
10	+	10	x	49	÷	7	=	
=		=		=		=		

No. 39

67	-	13	x	15	-	14	=	
+		+		+		+		
13	+	8	x	5	-	12	=	
+		+		+		x		
2	-	30	+	64	-	16	=	
-		÷		÷		-		
8	+	10	x	16	÷	8	=	
=		=		=		=		

No. 40

28	+	11	+	11	-	16	=	
-		+		-		-		
16	+	9	+	3	-	13	=	
x		x		x		x		
55	+	10	x	48	÷	12	=	
÷		-		÷		÷		
11	+	11	x	12	÷	6	=	
=		=		=		=		

No. 41

95	+	2	x	18	÷	6	=	
-		-		+		-		
5	+	11	+	25	÷	5	=	
x		+		+		x		
99	+	9	x	50	÷	10	=	
÷		-		÷		÷		
11	+	9	x	25	÷	5	=	
=		=		=		=		

No. 42

50	+	15	+	7	-	13	=	
-		+		+		-		
7	+	9	+	11	-	7	=	
+		x		x		x		
63	+	6	x	20	÷	10	=	
÷		-		÷		÷		
7	+	12	x	5	-	5	=	
=		=		=		=		

No. 43

29	+	11	x	12	÷	2	=	
+		+		-		+		
10	+	8	x	72	÷	9	=	
+		+		+		x		
12	+	12	x	60	÷	15	=	
-		-		÷		÷		
7	+	13	x	15	÷	5	=	
=		=		=		=		

No. 44

49	-	10	x	5	-	2	=	
+		+		-		+		
12	+	7	x	88	÷	11	=	
+		x		+		x		
63	-	54	+	18	-	60	=	
÷		÷		÷		÷		
7	+	9	x	6	-	15	=	
=		=		=		=		

No. 45

33	-	16	x	90	÷	9	=	
+		+		-		-		
8	+	15	x	35	÷	7	=	
x		x		+		x		
45	-	5	+	33	÷	11	=	
÷		-		-		-		
9	+	3	x	7	-	11	=	
=		=		=		=		

No. 46

43	-	7	x	9	-	7	=	
+		+		-		+		
5	+	12	x	8	-	13	=	
+		x		x		x		
11	+	12	x	60	÷	12	=	
-		-		÷		÷		
11	+	10	+	15	-	6	=	
=		=		=		=		

No. 47

91	-	9	x	45	÷	9	=	
+		+		+		+		
14	+	4	+	6	-	10	=	
+		x		x		x		
11	+	2	x	56	-	49	=	
-		-		÷		÷		
5	-	4	x	14	÷	7	=	
=		=		=		=		

No. 48

92	+	7	x	3	-	2	=	
+		+		-		-		
13	-	10	x	90	÷	6	=	
x		+		x		+		
33	+	2	x	80	÷	20	=	
÷		-		÷		÷		
11	+	12	x	40	÷	5	=	
=		=		=		=		

No. 49

99	+	16	x	72	÷	12	=	
+		+		-		+		
16	-	6	+	72	÷	12	=	
x		x		+		x		
3	+	40	x	60	÷	15	=	
-		÷		÷		-		
11	+	5	+	20	÷	5	=	
=		=		=		=		

No. 50

73	+	16	+	5	-	11	=	
+		-		+		+		
10	-	13	+	20	÷	5	=	
x		x		x		x		
12	+	96	+	90	-	3	=	
-		÷		÷		-		
4	-	12	x	15	÷	5	=	
=		=		=		=		

No. 51

62	-	11	x	15	÷	3	=	
+		-		+		+		
8	-	15	+	12	-	4	=	
x		+		+		x		
5	-	15	x	45	÷	15	=	
-		÷		-		÷		
8	+	5	+	70	÷	5	=	
=		=		=		=		

No. 52

36	-	8	x	45	÷	15	=	
+		-		+		-		
14	-	4	x	42	÷	6	=	
x		x		x		x		
80	+	60	x	45	÷	15	=	
÷		÷		÷		÷		
16	+	10	x	15	÷	5	=	
=		=		=		=		

No. 53

34	+	14	+	78	÷	13	=	
-		+		-		+		
12	+	8	x	56	÷	7	=	
+		x		x		+		
60	-	55	+	72	÷	12	=	
÷		÷		÷		÷		
12	+	5	x	36	÷	6	=	
=		=		=		=		

No. 54

86	+	7	x	4	-	3	=	
-		-		+		+		
11	+	7	+	63	÷	7	=	
x		x		+		x		
9	-	3	x	96	÷	12	=	
-		-		÷		-		
8	+	13	x	32	÷	8	=	
=		=		=		=		

No. 55

44	-	16	x	72	÷	12	=	
+		+		+		+		
10	-	8	x	2	-	8	=	
x		+		+		+		
48	+	72	+	60	÷	5	=	
÷		÷		÷		-		
12	+	6	x	12	÷	6	=	
=		=		=		=		

No. 56

63	+	13	+	36	÷	6	=	
+		+		+		+		
3	+	14	x	8	÷	4	=	
+		x		x		+		
6	+	9	+	64	÷	16	=	
-		-		÷		÷		
8	+	9	+	16	÷	8	=	
=		=		=		=		

No. 57

65	+	5	+	24	÷	8	=	
+		+		+		-		
10	+	7	x	10	-	8	=	
+		+		x		x		
3	+	14	+	10	-	6	=	
-		-		-		-		
9	+	12	x	15	÷	3	=	
=		=		=		=		

No. 58

42	+	16	x	49	÷	7	=	
+		+		+		-		
13	-	9	x	35	÷	7	=	
x		x		+		x		
90	+	2	x	40	÷	20	=	
÷		-		÷		÷		
15	+	8	+	10	÷	5	=	
=		=		=		=		

No. 59

78	-	13	+	72	÷	8	=	
-		+		-		+		
16	+	8	x	99	÷	9	=	
x		x		x		x		
96	+	7	x	20	÷	5	=	
÷		-		÷		-		
8	-	8	x	5	-	15	=	
=		=		=		=		

No. 60

98	+	16	+	84	÷	12	=	
+		-		+		-		
13	+	15	+	12	-	14	=	
+		+		+		x		
78	-	66	+	45	÷	15	=	
÷		÷		-		-		
13	+	6	x	15	-	13	=	
=		=		=		=		

No. 61

88	-	3	x	8	÷	2	=	
+		-		+		+		
14	+	9	x	14	-	9	=	
+		x		x		x		
4	+	10	+	80	÷	8	=	
-		-		÷		÷		
7	-	13	x	10	-	4	=	
=		=		=		=		

No. 62

30	+	15	x	11	-	9	=	
+		+		-		-		
10	+	9	x	9	-	13	=	
+		x		x		+		
66	+	10	+	70	÷	35	=	
÷		-		÷		÷		
6	+	8	x	5	-	5	=	
=		=		=		=		

No. 63

20	-	14	+	13	-	7	=	
+		+		+		+		
10	+	12	x	36	÷	12	=	
x		+		+		x		
12	-	55	+	60	÷	15	=	
-		÷		÷		÷		
4	-	5	+	30	÷	5	=	
=		=		=		=		

No. 64

56	+	3	x	63	÷	9	=	
+		-		+		+		
12	-	16	x	2	-	6	=	
x		x		x		+		
39	+	45	x	40	÷	8	=	
÷		÷		÷		-		
13	-	9	x	10	÷	5	=	
=		=		=		=		

No. 65

43	+	3	x	28	÷	7	=
-		+		-		-	
15	+	9	x	15	-	15	=
x		x		x		x	
72	+	4	x	96	÷	24	=
÷		-		÷		÷	
12	+	2	x	16	÷	8	=
=		=		=		=	

No. 66

90	-	7	x	50	÷	10	=
+		-		+		-	
6	+	9	x	10	÷	2	=
x		+		x		x	
56	+	33	x	60	÷	12	=
÷		÷		÷		-	
8	-	11	+	30	÷	10	=
=		=		=		=	

No. 67

42	+	3	+	90	÷	15	=	
+		+		+		+		
7	+	14	x	80	÷	5	=	
x		x		+		x		
36	+	80	+	36	-	54	=	
÷		÷		÷		÷		
6	+	10	+	12	÷	6	=	
=		=		=		=		

No. 68

77	+	2	x	21	÷	7	=	
+		-		+		-		
16	+	14	x	15	÷	5	=	
x		x		x		x		
4	-	11	x	48	÷	12	=	
-		-		÷		-		
7	+	8	+	8	-	6	=	
=		=		=		=		

No. 69

82	+	10	+	11	-	14	=	
+		+		+		+		
15	+	9	+	28	÷	7	=	
x		+		x		x		
9	+	16	+	96	÷	4	=	
-		-		÷		÷		
3	+	13	x	8	÷	2	=	
=		=		=		=		

No. 70

48	-	6	x	30	÷	5	=	
+		+		+		+		
7	+	12	x	10	-	14	=	
x		+		x		x		
5	+	3	+	8	-	98	=	
-		-		-		÷		
12	+	6	x	98	÷	14	=	
=		=		=		=		

No. 71

64	+	9	x	11	-	6	=	
+		+		+		+		
2	+	7	+	11	-	10	=	
x		x		x		x		
35	+	80	+	90	÷	6	=	
÷		÷		÷		-		
5	+	10	+	45	÷	5	=	
=		=		=		=		

No. 72

96	-	3	x	15	÷	3	=	
-		-		+		-		
16	+	11	x	4	÷	2	=	
x		+		x		x		
96	-	8	x	96	÷	48	=	
÷		-		-		÷		
12	+	5	+	72	÷	8	=	
=		=		=		=		

No. 73

93	-	5	+	10	-	13	=	
+		+		-		+		
14	-	2	x	15	÷	5	=	
+		x		+		x		
80	+	45	x	80	÷	40	=	
÷		÷		÷		÷		
8	+	5	x	10	÷	5	=	
=		=		=		=		

No. 74

84	+	15	x	60	÷	6	=	
+		+		-		+		
6	+	9	+	15	-	3	=	
+		x		+		x		
80	-	54	x	96	÷	48	=	
÷		÷		÷		÷		
8	+	9	x	12	-	16	=	
=		=		=		=		

No. 75

97	+	10	+	77	÷	7	=	
-		+		+		+		
6	+	3	x	7	-	9	=	
x		x		x		x		
30	+	14	x	96	÷	12	=	
÷		-		÷		÷		
10	+	4	+	12	÷	6	=	
=		=		=		=		

No. 76

53	+	15	x	30	÷	10	=	
+		-		+		+		
6	-	6	x	14	-	8	=	
x		x		x		x		
2	+	40	+	8	-	99	=	
-		÷		-		÷		
10	+	8	x	63	÷	9	=	
=		=		=		=		

No. 77

65	+	5	+	20	÷	5	=	
+		+		+		+		
14	+	2	+	42	÷	7	=	
×		×		+		×		
6	+	42	+	80	÷	16	=	
-		÷		÷		÷		
4	+	6	×	10	-	8	=	
=		=		=		=		

No. 78

17	+	9	×	42	÷	6	=	
+		-		-		-		
15	+	3	+	7	-	10	=	
×		×		×		×		
91	+	6	×	30	-	7	=	
÷		-		÷		-		
13	-	14	×	10	÷	5	=	
=		=		=		=		

No. 79

66	-	3	+	16	÷	8	=	
+		+		+		+		
9	+	8	+	16	-	11	=	
x		x		x		x		
45	+	5	+	15	-	2	=	
÷		-		-		-		
15	+	15	x	55	÷	11	=	
=		=		=		=		

No. 80

93	+	10	+	96	÷	8	=	
+		-		-		+		
14	-	2	x	60	÷	5	=	
x		+		x		x		
6	+	39	x	96	÷	12	=	
÷		÷		÷		÷		
3	+	13	x	24	÷	6	=	
=		=		=		=		

No. 81

53	+	9	+	39	÷	13	=	
+		+		+		+		
3	+	11	x	4	-	7	=	
x		+		x		x		
42	-	24	+	90	-	11	=	
÷		÷		÷		-		
14	+	6	x	30	÷	10	=	
=		=		=		=		

No. 82

88	-	4	x	30	÷	10	=	
+		+		+		-		
6	+	8	x	8	-	16	=	
x		+		+		x		
96	+	3	x	60	÷	10	=	
÷		-		÷		÷		
12	+	2	x	10	÷	5	=	
=		=		=		=		

No. 83

53	+	8	x	56	÷	8	=	
+		+		+		+		
14	-	2	x	40	÷	10	=	
x		x		+		+		
48	-	2	+	72	÷	12	=	
÷		-		÷		÷		
16	+	14	+	36	÷	6	=	
=		=		=		=		

No. 84

40	+	4	+	90	÷	10	=	
-		+		+		-		
6	+	2	x	81	÷	9	=	
x		x		+		x		
64	+	36	x	64	÷	32	=	
÷		÷		÷		÷		
16	+	12	x	16	÷	8	=	
=		=		=		=		

No. 85

51	+	16	+	66	÷	11	=	
+		-		+		+		
7	-	10	x	4	-	9	=	
+		x		+		x		
16	-	55	x	64	÷	16	=	
-		÷		÷		÷		
3	-	5	x	32	÷	8	=	
=		=		=		=		

No. 86

87	+	15	x	18	÷	6	=	
+		+		+		+		
9	+	9	x	60	÷	15	=	
x		x		+		x		
60	-	14	+	10	-	60	=	
÷		-		-		÷		
5	+	5	+	18	÷	6	=	
=		=		=		=		

No. 87

95	+	13	+	10	-	8	=	
+		-		-		+		
4	+	5	+	15	-	6	=	
+		x		x		x		
4	+	28	+	56	-	56	=	
-		÷		÷		÷		
11	-	7	x	14	÷	7	=	
=		=		=		=		

No. 88

24	+	7	x	30	÷	10	=	
-		-		+		+		
14	-	16	+	42	÷	14	=	
x		x		x		x		
8	+	12	x	3	-	36	=	
÷		-		-		÷		
4	-	14	x	84	÷	6	=	
=		=		=		=		

No. 89

57	+	2	x	12	-	4	=	
+		-		-		+		
13	+	12	+	7	-	14	=	
x		+		x		+		
13	+	16	x	90	÷	15	=	
-		-		÷		÷		
9	-	9	x	45	÷	5	=	
=		=		=		=		

No. 90

38	+	12	+	91	÷	13	=	
+		+		-		+		
14	+	12	x	9	-	5	=	
x		x		x		x		
90	-	70	+	84	÷	14	=	
÷		÷		÷		÷		
6	+	5	x	21	÷	7	=	
=		=		=		=		

No. 91

60	+	4	x	65	÷	13	=	
+		-		-		+		
6	+	7	+	7	-	7	=	
+		+		x		x		
75	+	45	+	56	-	32	=	
÷		÷		÷		÷		
15	-	5	x	7	-	8	=	
=		=		=		=		

No. 92

70	+	13	x	4	-	12	=	
+		+		+		-		
10	+	13	x	96	÷	12	=	
+		+		x		x		
16	-	36	+	84	÷	12	=	
÷		÷		÷		÷		
4	+	9	x	42	÷	6	=	
=		=		=		=		

No. 93

45	+	6	x	60	÷	5	=	
+		+		+		-		
13	+	9	x	16	-	14	=	
x		x		x		x		
42	-	13	+	60	÷	30	=	
÷		-		÷		÷		
7	+	5	x	6	-	10	=	
=		=		=		=		

No. 94

53	+	3	x	4	-	15	=	
+		+		+		+		
7	+	14	+	10	-	4	=	
x		+		+		x		
4	+	84	+	84	÷	6	=	
-		÷		÷		-		
16	-	7	+	42	÷	6	=	
=		=		=		=		

No. 95

48	+	10	x	75	÷	15	=	
+		+		-		-		
16	+	13	x	12	-	16	=	
+		x		+		+		
65	+	10	x	77	÷	11	=	
÷		-		-		-		
13	-	14	x	66	÷	6	=	
=		=		=		=		

No. 96

59	+	9	x	10	-	16	=	
-		+		+		+		
15	-	11	+	84	÷	12	=	
+		x		+		x		
64	-	54	x	96	÷	16	=	
÷		÷		÷		-		
8	+	9	+	12	÷	6	=	
=		=		=		=		

No. 97

41	+	7	+	56	÷	14	=	
-		+		+		-		
5	+	16	x	6	-	14	=	
x		x		x		x		
60	+	28	x	96	÷	12	=	
÷		÷		÷		÷		
15	-	7	x	48	÷	6	=	
=		=		=		=		

No. 98

71	+	7	+	60	÷	10	=	
+		-		-		+		
13	-	15	x	25	÷	5	=	
x		x		x		x		
15	-	80	x	96	÷	32	=	
÷		÷		÷		÷		
5	+	16	x	16	÷	8	=	
=		=		=		=		

No. 99

66	−	12	+	14	−	14	=	
+		+		+		−		
14	−	12	+	7	−	6	=	
+		×		×		×		
90	−	48	×	84	÷	21	=	
÷		÷		÷		÷		
9	+	16	+	14	÷	7	=	
=		=		=		=		

No. 100

78	−	12	×	78	÷	13	=	
−		+		+		+		
6	−	2	×	28	÷	7	=	
×		×		×		×		
6	+	8	×	80	÷	10	=	
−		−		÷		÷		
10	+	3	×	20	÷	5	=	
=		=		=		=		

No. 101

35	-	3	x	30	÷	10	=	
+		+		-		+		
10	+	12	x	30	÷	6	=	
+		+		x		+		
88	+	50	x	24	÷	6	=	
÷		÷		÷		-		
11	+	10	x	8	-	4	=	
=		=		=		=		

No. 102

54	+	13	+	5	-	4	=	
+		+		-		-		
2	+	7	+	14	-	9	=	
+		x		x		+		
15	+	6	+	80	÷	40	=	
-		-		÷		÷		
14	-	2	x	10	÷	5	=	
=		=		=		=		

No. 103

76	+	6	+	80	÷	10	=	
-		+		-		-		
11	-	8	+	2	-	5	=	
+		+		x		+		
11	-	12	x	60	÷	12	=	
-		÷		÷		÷		
7	+	2	x	12	-	6	=	
=		=		=		=		

No. 104

85	+	14	+	9	-	4	=	
-		+		+		-		
8	+	14	x	88	÷	11	=	
x		x		+		x		
60	+	3	x	9	-	30	=	
÷		-		-		÷		
15	-	15	x	55	÷	5	=	
=		=		=		=		

No. 105

43	+	11	+	90	÷	6	=	
+		-		+		+		
10	+	14	x	10	-	10	=	
x		x		+		x		
6	+	12	+	49	-	42	=	
-		-		÷		÷		
14	-	13	+	7	-	6	=	
=		=		=		=		

No. 106

37	+	10	x	75	÷	15	=	
-		+		+		-		
5	+	13	x	65	÷	13	=	
x		x		x		+		
11	+	10	x	40	÷	20	=	
-		÷		÷		÷		
14	-	2	+	10	÷	5	=	
=		=		=		=		

No. 107

99	+	16	x	7	-	7	=	
+		+		+		-		
5	-	2	+	77	÷	11	=	
x		x		+		x		
11	+	35	x	40	÷	10	=	
-		÷		÷		÷		
8	-	7	x	8	-	5	=	
=		=		=		=		

No. 108

57	-	9	x	70	÷	7	=	
-		-		-		+		
8	+	13	x	8	-	9	=	
+		x		+		x		
6	-	7	+	20	-	98	=	
-		-		÷		÷		
9	+	2	x	5	-	14	=	
=		=		=		=		

No. 109

30	+	15	x	5	-	5	=	
-		+		+		-		
2	-	8	x	9	-	5	=	
x		x		x		x		
80	-	3	+	84	-	28	=	
÷		-		÷		÷		
16	+	9	x	14	÷	7	=	
=		=		=		=		

No. 110

43	-	3	x	13	-	4	=	
-		+		+		-		
6	+	16	+	12	-	15	=	
x		+		x		x		
13	+	12	+	36	-	84	=	
-		÷		÷		÷		
9	-	3	x	12	÷	6	=	
=		=		=		=		

No. 111

65	+	9	+	64	÷	16	=	
+		-		+		+		
3	+	16	x	14	-	3	=	
+		x		x		x		
40	-	96	+	63	-	96	=	
÷		÷		÷		÷		
8	+	16	+	7	-	8	=	
=		=		=		=		

No. 112

78	-	4	+	90	÷	9	=	
-		+		+		+		
6	+	4	x	54	÷	9	=	
+		+		+		+		
99	-	10	x	72	÷	36	=	
÷		-		÷		÷		
9	-	9	x	36	÷	12	=	
=		=		=		=		

No. 113

26	+	3	+	56	÷	14	=	
-		+		+		-		
10	-	2	x	25	÷	5	=	
+		x		+		+		
11	-	4	x	8	-	30	=	
-		-		-		÷		
15	+	11	+	54	÷	6	=	
=		=		=		=		

No. 114

44	+	8	x	28	÷	7	=	
+		-		+		+		
11	+	2	x	10	-	16	=	
x		+		+		x		
14	-	9	x	75	÷	15	=	
÷		-		÷		÷		
7	+	5	+	5	-	5	=	
=		=		=		=		

No. 115

39	+	4	+	13	-	9	=	
+		-		-		+		
11	+	3	x	30	÷	6	=	
x		x		x		+		
35	-	64	x	30	÷	6	=	
÷		÷		÷		-		
5	+	16	x	10	÷	5	=	
=		=		=		=		

No. 116

46	+	9	x	7	-	12	=	
-		+		+		-		
14	-	14	x	84	÷	12	=	
x		x		+		x		
5	+	35	x	30	÷	10	=	
-		÷		÷		÷		
8	+	7	x	15	÷	5	=	
=		=		=		=		

No. 117

94	-	16	x	39	÷	13	=	
+		+		-		+		
10	+	12	+	15	÷	5	=	
+		x		+		x		
64	-	12	x	5	-	10	=	
÷		-		-		-		
16	-	7	x	84	÷	6	=	
=		=		=		=		

No. 118

23	-	14	x	16	-	11	=	
-		+		+		+		
10	+	9	x	78	÷	13	=	
x		x		+		x		
4	+	15	x	60	÷	12	=	
-		÷		-		÷		
6	-	5	x	11	-	6	=	
=		=		=		=		

No. 119

77	+	7	+	13	-	10	=	
+		+		+		+		
6	-	3	x	9	-	13	=	
x		x		+		x		
13	-	54	x	80	÷	16	=	
-		÷		÷		-		
8	+	9	x	16	÷	8	=	
=		=		=		=		

No. 120

40	+	7	+	2	-	16	=	
+		-		+		-		
4	+	13	x	27	÷	9	=	
x		x		+		x		
70	-	16	+	96	÷	24	=	
÷		-		÷		÷		
10	+	16	+	12	÷	6	=	
=		=		=		=		

No. 121

46	+	14	x	7	-	7	=	
+		+		-		+		
15	+	9	+	36	÷	12	=	
+		x		x		x		
15	-	7	x	70	÷	35	=	
-		-		÷		÷		
3	+	9	+	14	÷	7	=	
=		=		=		=		

No. 122

21	+	5	x	9	-	16	=	
+		+		-		-		
9	+	10	x	10	-	12	=	
x		x		x		x		
48	-	70	x	72	÷	36	=	
÷		÷		÷		÷		
12	+	14	x	9	-	12	=	
=		=		=		=		

No. 123

30	+	15	x	56	÷	7	=	
-		-		-		+		
2	-	12	+	45	÷	9	=	
x		x		x		+		
45	+	75	+	45	-	60	=	
÷		÷		÷		÷		
5	+	5	+	15	÷	5	=	
=		=		=		=		

No. 124

40	+	12	x	91	÷	7	=	
-		-		+		+		
5	+	13	x	16	-	11	=	
x		+		+		+		
20	-	9	+	42	÷	14	=	
÷		-		÷		÷		
5	+	3	x	14	÷	7	=	
=		=		=		=		

No. 125

74	+	9	x	24	÷	6	=	
+		+		-		-		
16	+	8	+	63	÷	7	=	
x		x		x		x		
98	+	2	+	50	÷	10	=	
÷		-		÷		÷		
7	+	16	+	10	÷	5	=	
=		=		=		=		

No. 126

60	-	10	+	36	÷	12	=	
-		-		+		+		
5	+	7	x	42	÷	6	=	
x		+		x		x		
32	+	60	+	84	-	56	=	
÷		÷		÷		÷		
8	+	12	x	14	÷	7	=	
=		=		=		=		

No. 127

92	+	14	x	60	÷	5	=	
-		+		+		-		
14	+	7	x	13	-	14	=	
x		x		x		+		
64	+	20	x	80	÷	8	=	
÷		÷		÷		-		
16	-	5	x	40	÷	5	=	
=		=		=		=		

No. 128

35	+	10	x	70	÷	10	=	
+		+		+		+		
11	-	16	x	24	÷	8	=	
+		+		x		x		
54	+	18	x	90	÷	15	=	
÷		÷		÷		÷		
6	-	6	+	15	÷	5	=	
=		=		=		=		

No. 129

79	-	16	x	7	-	16	=	
+		+		-		-		
10	+	10	+	14	-	16	=	
x		x		+		x		
45	+	16	x	98	÷	14	=	
÷		÷		-		÷		
9	+	2	+	21	÷	7	=	
=		=		=		=		

No. 130

33	-	11	x	3	-	8	=	
-		-		+		+		
4	-	5	x	60	÷	12	=	
x		x		+		+		
70	+	5	x	16	-	13	=	
÷		-		-		-		
14	-	3	+	60	÷	12	=	
=		=		=		=		

No. 131

85	+	12	x	27	÷	9	=	
+		+		+		+		
15	-	7	x	14	-	11	=	
+		+		x		+		
64	+	9	x	63	÷	21	=	
÷		÷		÷		÷		
8	-	3	x	7	-	7	=	
=		=		=		=		

No. 132

30	+	9	x	28	÷	7	=	
+		-		-		-		
10	+	6	x	11	-	10	=	
x		+		+		+		
15	+	10	+	56	÷	28	=	
-		-		-		÷		
15	+	10	x	12	-	7	=	
=		=		=		=		

No. 133

17	+	16	x	80	÷	10	=	
+		+		-		-		
3	+	5	x	8	-	13	=	
x		+		x		x		
42	+	10	+	50	÷	10	=	
÷		-		÷		÷		
14	+	15	x	5	-	5	=	
=		=		=		=		

No. 134

87	+	13	x	65	÷	5	=	
+		-		-		+		
4	+	14	+	84	÷	14	=	
+		+		x		x		
16	-	54	+	60	-	60	=	
-		÷		÷		÷		
9	+	9	x	15	÷	5	=	
=		=		=		=		

No. 135

49	+	9	x	25	÷	5	=	
+		+		-		+		
16	+	11	+	52	÷	13	=	
x		x		+		x		
40	+	84	+	48	÷	12	=	
÷		÷		÷		÷		
10	-	6	+	12	÷	6	=	
=		=		=		=		

No. 136

88	-	16	x	24	÷	8	=	
+		-		+		-		
8	-	9	x	45	÷	9	=	
x		x		x		+		
70	+	30	+	60	÷	15	=	
÷		÷		÷		÷		
14	-	10	+	10	÷	5	=	
=		=		=		=		

No. 137

89	-	16	x	84	÷	7	=	
+		+		+		-		
12	+	16	x	96	÷	16	=	
x		x		+		+		
42	+	40	+	64	÷	16	=	
÷		÷		-		÷		
6	+	8	+	96	÷	8	=	
=		=		=		=		

No. 138

22	+	9	x	3	-	16	=	
+		-		-		+		
16	+	8	x	77	÷	7	=	
+		x		x		+		
32	+	28	+	80	-	11	=	
÷		÷		÷		-		
8	-	7	+	40	÷	5	=	
=		=		=		=		

No. 139

82	+	9	x	72	÷	9	=	
-		+		+		+		
5	+	15	x	15	-	5	=	
x		x		x		x		
72	+	12	x	77	÷	11	=	
÷		-		÷		-		
9	+	16	x	7	-	9	=	
=		=		=		=		

No. 140

28	+	16	x	70	÷	5	=	
-		-		+		-		
7	-	3	x	16	-	12	=	
+		+		+		x		
5	+	48	+	96	÷	16	=	
-		÷		÷		÷		
3	-	8	x	16	÷	8	=	
=		=		=		=		

No. 141

28	+	6	x	96	÷	16	=	
-		+		+		+		
13	-	12	x	11	-	14	=	
+		+		x		+		
70	-	80	+	12	÷	3	=	
÷		÷		-		-		
7	-	5	+	16	-	2	=	
=		=		=		=		

No. 142

47	+	3	x	2	-	6	=	
+		-		+		+		
7	+	2	+	16	-	13	=	
+		+		+		x		
52	-	40	+	96	-	42	=	
÷		÷		÷		÷		
13	-	5	x	12	÷	6	=	
=		=		=		=		

No. 143

84	+	8	x	96	÷	6	=	
+		-		+		+		
8	-	15	x	39	÷	13	=	
+		x		x		+		
5	-	10	+	48	÷	12	=	
-		-		÷		-		
15	-	2	x	12	÷	6	=	
=		=		=		=		

No. 144

43	-	8	x	96	÷	6	=	
-		+		+		+		
5	+	12	+	10	-	12	=	
+		x		x		x		
60	+	50	+	6	-	49	=	
÷		÷		-		÷		
15	+	5	x	56	÷	7	=	
=		=		=		=		

No. 145

93	-	11	x	7	-	4	=	
-		+		+		-		
12	+	10	+	5	-	3	=	
x		+		+		+		
13	+	75	+	70	÷	7	=	
-		÷		÷		-		
8	-	5	+	10	÷	5	=	
=		=		=		=		

No. 146

24	+	12	+	15	-	16	=	
+		+		+		-		
11	+	13	x	8	÷	4	=	
+		x		x		+		
45	+	48	x	63	÷	21	=	
÷		÷		÷		÷		
15	-	6	+	9	-	7	=	
=		=		=		=		

No. 147

45	-	5	x	13	-	6	=	
-		+		+		+		
12	+	6	x	36	÷	9	=	
+		+		+		+		
9	+	11	x	9	-	63	=	
-		-		-		÷		
9	+	3	x	15	-	9	=	
=		=		=		=		

No. 148

37	-	16	x	90	÷	6	=	
+		-		-		+		
10	+	15	x	55	÷	11	=	
x		x		+		+		
72	+	80	x	90	÷	30	=	
÷		÷		÷		÷		
9	+	16	x	15	÷	5	=	
=		=		=		=		

No. 149

38	+	3	x	80	÷	16	=	
-		+		+		+		
10	-	9	+	50	÷	10	=	
x		+		x		+		
50	+	4	x	4	-	10	=	
÷		-		-		-		
10	+	8	x	25	÷	5	=	
=		=		=		=		

No. 150

85	-	7	x	40	÷	5	=	
-		+		+		+		
4	-	3	+	30	÷	6	=	
+		+		x		x		
7	+	14	x	60	÷	12	=	
-		-		÷		-		
9	-	14	x	20	÷	5	=	
=		=		=		=		

No. 151

45	-	2	x	84	÷	7	=	
-		+		+		-		
16	+	4	+	12	÷	6	=	
x		x		x		x		
6	-	24	x	60	÷	20	=	
-		÷		÷		÷		
9	+	6	x	10	÷	5	=	
=		=		=		=		

No. 152

47	+	2	+	15	÷	3	=	
+		+		-		+		
7	+	10	x	13	-	12	=	
x		+		+		x		
91	+	96	+	80	÷	8	=	
÷		÷		÷		-		
13	-	8	x	8	-	15	=	
=		=		=		=		

No. 153

93	-	7	+	15	-	2	=	
+		-		-		+		
3	+	3	x	9	-	16	=	
x		x		x		x		
2	-	4	x	75	÷	15	=	
-		-		÷		÷		
7	+	11	+	15	÷	5	=	
=		=		=		=		

No. 154

72	+	8	x	63	÷	9	=	
-		-		-		-		
10	+	6	x	48	÷	8	=	
+		x		x		x		
56	+	44	x	96	÷	24	=	
÷		÷		÷		÷		
8	+	11	x	48	÷	6	=	
=		=		=		=		

No. 155

24	+	2	x	70	÷	10	=	
-		+		+		-		
7	+	5	x	30	÷	10	=	
x		+		x		x		
4	+	42	+	96	÷	24	=	
÷		÷		÷		÷		
2	+	14	x	16	-	8	=	
=		=		=		=		

No. 156

22	+	2	x	15	-	2	=	
-		+		+		-		
14	+	6	+	2	-	6	=	
+		+		x		x		
98	+	88	+	84	÷	7	=	
÷		÷		÷		-		
14	+	11	x	21	÷	7	=	
=		=		=		=		

No. 157

25	+	15	x	18	÷	6	=	
+		-		+		+		
5	+	10	+	10	-	10	=	
x		x		x		x		
80	+	55	+	45	÷	15	=	
÷		÷		÷		÷		
5	+	5	x	15	÷	5	=	
=		=		=		=		

No. 158

23	+	11	x	2	-	15	=	
+		-		+		+		
2	+	9	x	42	÷	6	=	
x		x		x		x		
91	+	7	+	60	-	80	=	
÷		-		÷		÷		
13	-	3	x	15	÷	5	=	
=		=		=		=		

No. 159

42	+	9	+	13	-	3	=	
+		-		+		-		
8	-	8	+	2	-	7	=	
x		+		x		x		
60	+	98	+	70	÷	14	=	
÷		÷		-		÷		
10	+	7	x	9	-	7	=	
=		=		=		=		

No. 160

93	-	12	x	4	-	11	=	
+		-		+		+		
6	-	13	x	11	-	6	=	
x		+		+		x		
72	+	9	x	96	÷	32	=	
÷		-		÷		÷		
12	+	13	x	16	÷	8	=	
=		=		=		=		

No. 161

20	+	9	x	27	÷	9	=	
-		+		-		-		
15	+	8	+	16	÷	4	=	
+		x		x		x		
16	+	52	+	84	÷	42	=	
÷		÷		÷		÷		
2	-	13	+	7	-	14	=	
=		=		=		=		

No. 162

55	-	4	x	12	-	12	=	
+		+		+		-		
4	+	14	+	84	÷	6	=	
x		+		x		x		
40	+	36	+	40	-	70	=	
÷		÷		÷		÷		
8	+	6	x	10	-	10	=	
=		=		=		=		

No. 163

50	+	11	+	36	÷	6	=	
+		-		+		+		
5	+	9	x	16	÷	4	=	
+		x		+		x		
96	+	70	+	70	÷	5	=	
÷		÷		÷		-		
16	+	7	x	14	-	11	=	
=		=		=		=		

No. 164

65	+	12	+	90	÷	9	=	
+		+		+		+		
12	+	9	x	63	÷	7	=	
+		x		x		+		
36	+	96	+	42	÷	14	=	
÷		÷		÷		÷		
12	-	12	x	14	÷	7	=	
=		=		=		=		

No. 165

83	−	9	×	15	÷	3	=	
−		−		−		+		
2	+	5	×	77	÷	11	=	
×		×		×		×		
36	−	2	×	84	÷	7	=	
÷		−		÷		−		
6	+	11	×	21	÷	7	=	
=		=		=		=		

No. 166

83	+	2	+	14	÷	7	=	
−		+		−		+		
5	+	10	×	84	÷	7	=	
×		×		+		×		
11	−	2	×	60	÷	10	=	
−		−		−		÷		
16	+	14	+	2	−	5	=	
=		=		=		=		

No. 167

45	-	10	+	24	÷	8	=	
-		+		+		-		
7	+	10	x	16	-	15	=	
+		+		+		+		
3	+	3	x	90	-	48	=	
-		-		÷		÷		
7	-	11	x	18	÷	6	=	
=		=		=		=		

No. 168

90	+	10	x	78	÷	6	=	
+		-		-		+		
13	-	4	x	72	÷	8	=	
x		+		+		x		
84	+	36	x	60	÷	10	=	
÷		÷		÷		÷		
6	+	9	x	6	-	5	=	
=		=		=		=		

No. 169

80	+	7	+	45	÷	9	=	
+		-		+		+		
6	+	16	x	8	-	8	=	
x		+		x		x		
14	+	40	x	45	÷	15	=	
-		÷		÷		÷		
9	-	8	+	15	÷	5	=	
=		=		=		=		

No. 170

50	-	5	x	39	÷	13	=	
+		+		-		+		
3	+	13	+	48	÷	6	=	
+		+		x		+		
2	-	10	+	80	÷	16	=	
-		-		÷		-		
6	+	13	+	40	÷	10	=	
=		=		=		=		

No. 171

25	+	14	x	16	-	2	=	
+		+		+		-		
2	+	6	+	40	÷	8	=	
x		x		+		x		
66	+	88	+	88	÷	11	=	
÷		÷		-		-		
11	+	8	x	60	÷	10	=	
=		=		=		=		

No. 172

51	+	11	x	15	-	2	=	
+		-		-		+		
12	-	11	x	20	÷	5	=	
x		x		+		x		
4	+	55	x	42	÷	14	=	
-		÷		÷		÷		
2	+	5	x	6	-	7	=	
=		=		=		=		

No. 173

64	-	6	+	77	÷	11	=	
-		+		+		-		
8	+	7	+	15	-	14	=	
+		+		x		+		
96	+	50	+	12	-	80	=	
÷		÷		-		÷		
16	-	5	x	7	-	10	=	
=		=		=		=		

No. 174

54	-	12	+	5	-	3	=	
+		-		+		-		
15	+	8	+	4	-	7	=	
x		x		+		x		
78	+	78	x	90	÷	30	=	
÷		÷		÷		÷		
13	-	13	+	6	-	5	=	
=		=		=		=		

No. 175

51	-	4	x	10	-	12	=	
+		+		+		-		
13	-	11	x	77	÷	11	=	
x		x		+		+		
21	+	75	+	75	-	70	=	
÷		÷		÷		÷		
7	+	15	+	15	÷	5	=	
=		=		=		=		

No. 176

86	-	13	+	16	-	14	=	
+		-		-		+		
16	+	9	x	3	-	3	=	
x		x		x		+		
75	+	4	+	24	÷	6	=	
÷		-		÷		-		
5	+	16	x	8	-	11	=	
=		=		=		=		

No. 177

51	-	11	x	65	÷	13	=	
+		+		+		-		
13	+	3	x	96	÷	16	=	
+		+		x		x		
16	+	11	+	90	÷	15	=	
-		-		÷		÷		
4	+	6	x	45	÷	5	=	
=		=		=		=		

No. 178

51	+	6	x	55	÷	11	=	
-		+		+		+		
8	-	9	x	16	-	7	=	
x		x		x		x		
80	+	5	x	14	-	13	=	
÷		-		-		-		
10	+	14	x	48	÷	6	=	
=		=		=		=		

No. 179

23	+	14	x	9	-	3	=	
+		+		+		+		
8	-	2	x	72	÷	8	=	
x		x		+		x		
84	-	6	x	84	÷	14	=	
÷		-		-		÷		
6	+	13	x	63	÷	7	=	
=		=		=		=		

No. 180

25	-	3	x	35	÷	7	=	
+		+		-		-		
6	+	12	x	12	-	9	=	
x		+		+		x		
64	-	63	x	56	÷	28	=	
÷		÷		÷		÷		
8	+	7	+	14	÷	7	=	
=		=		=		=		

Solution - 1

95	-	3	x	24	÷	8	=	86
-		-		+		+		
5	+	15	+	3	-	6	=	17
x		+		+		x		
78	-	56	+	84	÷	12	=	29
÷		÷		÷		÷		
6	-	7	x	12	÷	6	=	-8
=		=		=		=		
30		-4		34		20		

Solution - 2

60	-	10	+	50	÷	10	=	55
-		+		-		+		
2	-	4	x	16	-	6	=	-68
+		+		x		x		
91	-	11	+	90	÷	15	=	86
÷		-		÷		÷		
7	+	4	x	15	÷	5	=	19
=		=		=		=		
71		21		-46		28		

Solution - 3

50	+	3	x	48	÷	6	=	74
-		-		+		+		
9	+	13	+	13	-	4	=	31
x		x		x		x		
91	+	18	x	5	-	64	=	117
÷		÷		-		÷		
7	+	6	+	8	-	16	=	5
=		=		=		=		
-67		-36		105		22		

Solution - 4

43	+	15	x	56	÷	7	=	163
+		-		+		-		
7	+	12	x	15	-	16	=	171
x		x		x		+		
98	+	48	+	25	-	32	=	139
÷		÷		÷		÷		
14	+	8	x	5	-	8	=	46
=		=		=		=		
92		-57		131		-5		

Solution - 5

42	+	10	x	3	-	14	=	58
+		-		+		-		
8	-	3	x	30	÷	6	=	-7
x		x		x		x		
80	+	12	x	12	-	16	=	208
÷		-		÷		-		
10	-	11	x	2	-	8	=	-20
=		=		=		=		
106		-37		183		-90		

Solution - 6

36	+	9	x	11	-	5	=	130
+		+		+		-		
16	+	6	x	6	-	13	=	39
x		x		x		+		
3	-	60	x	90	÷	45	=	-117
-		÷		÷		÷		
5	+	10	x	10	÷	5	=	25
=		=		=		=		
79		45		65		1		

Solution - 7

56	+	11	+	20	÷	5	=	71
-		+		+		-		
10	+	8	x	75	÷	15	=	50
x		x		x		x		
96	-	6	x	60	÷	15	=	72
÷		-		÷		-		
16	-	14	+	15	÷	5	=	5
=		=		=		=		
-4		45		320		-225		

Solution - 8

18	+	3	x	70	÷	14	=	33
+		+		-		+		
11	-	7	x	75	÷	5	=	-94
x		x		+		+		
80	-	48	+	81	÷	9	=	41
÷		÷		-		-		
16	-	12	x	16	÷	4	=	-32
=		=		=		=		
73		31		60		24		

Solution - 9

31	+	11	+	80	÷	8	=	52
-		-		-		-		
3	-	14	x	11	-	9	=	-160
x		x		+		x		
48	-	90	x	48	÷	12	=	-312
÷		÷		÷		÷		
6	+	6	+	6	-	6	=	12
=		=		=		=		
7		-199		77		-10		

Solution - 10

27	+	7	x	4	-	14	=	41
+		-		+		-		
11	-	13	x	56	÷	7	=	-93
x		+		x		x		
10	-	8	x	72	÷	12	=	-38
-		÷		÷		-		
6	-	4	+	18	÷	6	=	5
=		=		=		=		
131		-4		228		-76		

Solution - 11

49	+	11	x	10	-	11	=	148
-		+		+		+		
2	+	10	x	6	÷	2	=	32
x		x		+		x		
75	+	36	+	72	÷	6	=	123
÷		÷		-		-		
15	+	12	+	80	÷	10	=	35
=		=		=		=		
39		41		8		13		

Solution - 12

96	+	10	x	98	÷	14	=	166
+		-		+		+		
10	+	6	+	25	÷	5	=	21
x		x		x		+		
45	+	35	+	60	-	11	=	129
÷		÷		÷		-		
15	-	7	x	12	÷	6	=	1
=		=		=		=		
126		-20		223		24		

Solution - 13

64	+	4	+	39	÷	13	=	71
+		-		+		-		
7	-	10	x	6	-	10	=	-63
x		x		+		x		
60	+	4	x	72	÷	36	=	68
÷		-		÷		÷		
15	+	8	+	12	-	12	=	23
=		=		=		=		
92		-44		51		-17		

Solution - 14

58	-	14	+	7	-	6	=	45
-		+		+		+		
11	+	16	x	90	÷	15	=	107
x		+		+		x		
84	+	24	x	96	÷	16	=	228
÷		÷		÷		-		
14	-	6	+	24	÷	6	=	12
=		=		=		=		
-8		34		101		240		

Solution - 15

47	+	2	x	42	÷	6	=	61
+		-		+		+		
15	+	3	x	36	÷	6	=	33
+		x		+		x		
65	+	56	+	84	÷	12	=	128
÷		÷		-		÷		
13	+	14	x	90	÷	6	=	223
=		=		=		=		
67		-10		72		18		

Solution - 16

21	-	4	x	7	-	14	=	-21
+		+		-		-		
3	+	7	x	36	÷	12	=	24
x		x		+		x		
8	-	11	x	64	÷	16	=	-36
÷		-		-		-		
2	+	5	x	12	-	16	=	46
=		=		=		=		
33		76		23		-194		

Solution - 17

68	+	9	x	3	-	12	=	83
+		+		+		+		
12	+	8	x	12	-	9	=	99
x		x		+		x		
6	-	50	+	80	÷	16	=	-39
-		÷		÷		÷		
16	-	5	+	40	÷	8	=	16
=		=		=		=		
124		89		17		30		

Solution - 18

86	+	13	x	13	-	8	=	247
+		+		+		+		
15	+	16	+	8	÷	4	=	33
+		+		+		+		
18	-	91	+	98	÷	14	=	-66
÷		÷		-		-		
6	+	13	+	66	÷	11	=	25
=		=		=		=		
104		36		53		15		

Solution - 19

91	-	15	+	80	÷	8	=	86
+		-		-		+		
3	-	8	x	50	÷	10	=	-37
x		x		x		+		
60	+	63	+	18	÷	6	=	126
÷		÷		÷		÷		
5	+	7	x	6	-	2	=	45
=		=		=		=		
127		-57		-70		21		

Solution - 20

26	+	10	x	52	÷	13	=	66
+		+		+		+		
2	-	11	+	64	÷	16	=	-5
x		x		x		x		
16	-	7	x	60	÷	10	=	-26
-		-		÷		÷		
8	-	7	x	15	÷	5	=	-13
=		=		=		=		
50		80		308		45		

Solution - 21

20	+	14	+	84	÷	6	=	48
+		-		-		-		
6	-	5	+	70	÷	5	=	15
x		x		x		+		
40	+	91	x	48	÷	24	=	222
÷		÷		÷		÷		
10	-	13	x	12	-	6	=	-152
=		=		=		=		
44		-21		-196		5		

Solution - 22

73	+	10	x	24	÷	6	=	113
-		+		+		+		
10	+	3	+	30	÷	6	=	18
x		x		+		x		
45	+	13	x	15	-	48	=	192
÷		-		-		÷		
9	+	13	x	72	÷	6	=	165
=		=		=		=		
23		36		-3		54		

Solution - 23

85	-	10	x	5	-	10	=	25
-		-		-		-		
3	+	12	+	54	÷	6	=	24
x		+		+		x		
2	+	39	x	30	÷	10	=	119
-		÷		÷		÷		
14	+	13	x	10	÷	5	=	40
=		=		=		=		
65		1		-46		-2		

Solution - 24

62	-	10	+	8	-	13	=	47
-		+		-		+		
2	-	8	+	3	-	15	=	-18
x		+		x		x		
64	+	56	x	70	÷	14	=	344
÷		÷		÷		÷		
16	+	7	x	7	-	7	=	58
=		=		=		=		
54		26		-22		43		

Solution - 25

71	+	2	x	88	÷	8	=	93
-		+		-		-		
13	+	7	x	30	÷	5	=	55
+		x		+		x		
70	+	11	x	30	÷	10	=	103
÷		-		÷		÷		
14	-	7	x	5	-	5	=	-26
=		=		=		=		
63		72		64		-2		

Solution - 26

83	-	6	+	14	-	12	=	79
+		+		-		+		
4	+	9	x	49	÷	7	=	67
x		x		x		x		
14	-	2	x	60	-	40	=	-146
-		-		÷		÷		
2	+	11	+	30	÷	5	=	19
=		=		=		=		
137		13		-84		68		

Solution - 27

37	+	14	+	45	÷	9	=	56
+		-		+		+		
10	+	10	+	8	-	11	=	17
+		+		+		x		
90	-	35	x	20	÷	5	=	-50
÷		÷		÷		-		
10	-	7	x	10	÷	5	=	-4
=		=		=		=		
56		9		55		59		

Solution - 28

64	+	7	x	16	÷	8	=	78
+		+		+		+		
7	+	7	+	3	-	9	=	8
+		+		+		+		
3	+	3	+	98	÷	14	=	13
-		-		÷		÷		
11	-	7	+	49	÷	7	=	11
=		=		=		=		
63		10		21		19		

Solution - 29

80	+	5	x	30	÷	6	=	105
+		+		+		-		
6	-	6	+	12	-	9	=	3
+		x		x		x		
99	+	12	+	70	÷	10	=	118
÷		-		÷		÷		
11	+	8	x	5	-	5	=	46
=		=		=		=		
95		69		198		-12		

Solution - 30

42	-	6	x	24	÷	6	=	18
-		+		-		-		
10	-	5	x	30	÷	6	=	-15
x		x		x		+		
7	+	8	x	56	÷	8	=	63
-		-		÷		-		
15	+	14	+	14	÷	7	=	31
=		=		=		=		
-43		32		-96		1		

Solution - 31

24	+	6	x	70	÷	10	=	66
+		+		-		+		
13	-	12	+	96	÷	16	=	7
x		x		+		x		
16	+	24	+	44	÷	11	=	44
-		÷		-		-		
7	-	8	x	11	-	5	=	-86
=		=		=		=		
225		42		7		181		

Solution - 32

98	+	6	x	70	÷	7	=	158
-		-		+		+		
5	+	15	x	90	÷	15	=	95
x		+		+		x		
78	+	70	x	60	÷	30	=	218
÷		÷		÷		÷		
6	+	14	+	30	÷	6	=	25
=		=		=		=		
33		-4		162		82		

Solution - 33

52	+	5	x	30	÷	5	=	82
+		+		+		+		
12	-	16	+	18	÷	6	=	-1
x		x		x		x		
84	+	13	+	60	÷	10	=	103
÷		-		÷		-		
6	+	4	x	10	÷	5	=	14
=		=		=		=		
220		209		138		60		

Solution - 34

72	+	14	x	15	÷	5	=	114
-		-		+		+		
9	+	6	x	4	-	11	=	22
x		+		x		+		
6	-	11	x	48	÷	12	=	-38
-		-		÷		-		
6	-	12	x	8	-	6	=	-96
=		=		=		=		
12		7		39		22		

Solution - 35

37	+	15	x	66	÷	6	=	202
+		+		-		+		
3	+	16	+	6	-	12	=	13
x		+		+		x		
14	-	11	x	75	÷	15	=	-41
÷		-		÷		÷		
7	-	9	x	15	÷	5	=	-20
=		=		=		=		
43		33		65		42		

Solution - 36

30	+	13	x	8	-	12	=	122
-		-		-		+		
5	-	13	x	3	-	13	=	-47
+		+		x		x		
10	+	2	+	96	÷	24	=	16
-		-		÷		÷		
2	+	7	x	6	-	8	=	36
=		=		=		=		
33		-5		-40		51		

Solution - 37

57	+	15	x	99	÷	11	=	192
+		+		+		+		
2	-	9	x	42	÷	14	=	-25
x		x		+		+		
60	+	12	+	84	÷	14	=	78
÷		-		-		÷		
10	-	7	x	5	-	7	=	-32
=		=		=		=		
69		116		220		27		

Solution - 38

65	+	16	+	75	÷	5	=	96
-		+		-		+		
14	+	8	+	36	÷	9	=	26
+		+		+		+		
10	-	30	x	14	÷	7	=	-50
-		÷		-		-		
10	+	10	x	49	÷	7	=	80
=		=		=		=		
51		27		4		14		

Solution - 39

67	-	13	x	15	-	14	=	-142
+		+		+		+		
13	+	8	x	5	-	12	=	41
+		+		+		x		
2	-	30	+	64	-	16	=	20
-		÷		÷		-		
8	+	10	x	16	÷	8	=	28
=		=		=		=		
74		24		24		198		

Solution - 40

28	+	11	+	11	-	16	=	34
-		+		-		-		
16	+	9	+	3	-	13	=	15
x		x		x		x		
55	+	10	x	48	÷	12	=	95
÷		-		÷		÷		
11	+	11	x	12	÷	6	=	33
=		=		=		=		
-52		90		-1		-10		

Solution - 41

95	+	2	x	18	÷	6	=	101
-		-		+		-		
5	+	11	+	25	÷	5	=	21
x		+		+		x		
99	+	9	x	50	÷	10	=	144
÷		-		÷		÷		
11	+	9	x	25	÷	5	=	56
=		=		=		=		
50		-9		45		-4		

Solution - 42

50	+	15	+	7	-	13	=	59
-		+		+		-		
7	+	9	+	11	-	7	=	20
+		x		x		x		
63	+	6	x	20	÷	10	=	75
÷		-		÷		÷		
7	+	12	x	5	-	5	=	62
=		=		=		=		
52		57		51		-1		

Solution - 43

29	+	11	x	12	÷	2	=	95
+		+		-		+		
10	+	8	x	72	÷	9	=	74
+		+		+		x		
12	+	12	x	60	÷	15	=	60
-		-		÷		÷		
7	+	13	x	15	÷	5	=	46
=		=		=		=		
44		18		-56		29		

Solution - 44

49	-	10	x	5	-	2	=	-3
+		+		-		+		
12	+	7	x	88	÷	11	=	68
+		x		+		x		
63	-	54	+	18	-	60	=	-33
÷		÷		÷		÷		
7	+	9	x	6	-	15	=	46
=		=		=		=		
70		52		-80		46		

Solution - 45

33	-	16	x	90	÷	9	=	-127
+		+		-		-		
8	+	15	x	35	÷	7	=	83
x		x		+		x		
45	-	5	+	33	÷	11	=	43
÷		-		-		-		
9	+	3	x	7	-	11	=	19
=		=		=		=		
73		88		81		-79		

Solution - 46

43	-	7	x	9	-	7	=	-27
+		+		-		+		
5	+	12	x	8	-	13	=	88
+		x		x		x		
11	+	12	x	60	÷	12	=	71
-		-		÷		÷		
11	+	10	+	15	-	6	=	30
=		=		=		=		
48		141		-23		33		

Solution - 47

91	-	9	x	45	÷	9	=	46
+		+		+		+		
14	+	4	+	6	-	10	=	14
+		x		x		x		
11	+	2	x	56	-	49	=	74
-		-		÷		÷		
5	-	4	x	14	÷	7	=	-3
=		=		=		=		
111		13		69		79		

Solution - 48

92	+	7	x	3	-	2	=	111
+		+		-		-		
13	-	10	x	90	÷	6	=	-137
x		+		x		+		
33	+	2	x	80	÷	20	=	41
÷		-		÷		÷		
11	+	12	x	40	÷	5	=	107
=		=		=		=		
131		7		-177		0		

Solution - 49

99	+	16	x	72	÷	12	=	195
+		+		-		+		
16	-	6	+	72	÷	12	=	16
x		x		+		x		
3	+	40	x	60	÷	15	=	163
-		÷		÷		-		
11	+	5	+	20	÷	5	=	20
=		=		=		=		
136		64		3		187		

Solution - 50

73	+	16	+	5	-	11	=	83
+		-		+		+		
10	-	13	+	20	÷	5	=	1
x		x		x		x		
12	+	96	+	90	-	3	=	195
-		÷		÷		-		
4	-	12	x	15	÷	5	=	-32
=		=		=		=		
189		-88		125		21		

Solution - 51

62	-	11	x	15	÷	3	=	7
+		-		+		+		
8	-	15	+	12	-	4	=	1
x		+		+		x		
5	-	15	x	45	÷	15	=	-40
-		÷		-		÷		
8	+	5	+	70	÷	5	=	27
=		=		=		=		
94		-1		2		15		

Solution - 52

36	-	8	x	45	÷	15	=	12
+		-		+		-		
14	-	4	x	42	÷	6	=	-14
x		x		x		x		
80	+	60	x	45	÷	15	=	260
÷		÷		÷		÷		
16	+	10	x	15	÷	5	=	46
=		=		=		=		
106		-16		171		-3		

Solution - 53

34	+	14	+	78	÷	13	=	54
-		+		-		+		
12	+	8	x	56	÷	7	=	76
+		x		x		+		
60	-	55	+	72	÷	12	=	11
÷		÷		÷		÷		
12	+	5	x	36	÷	6	=	42
=		=		=		=		
27		102		-34		22		

Solution - 54

86	+	7	x	4	-	3	=	111
-		-		+		+		
11	+	7	+	63	÷	7	=	27
x		x		+		x		
9	-	3	x	96	÷	12	=	-15
-		-		÷		-		
8	+	13	x	32	÷	8	=	60
=		=		=		=		
-21		-27		70		79		

Solution - 55

44	-	16	x	72	÷	12	=	-52
+		+		+		+		
10	-	8	x	2	-	8	=	-14
x		+		+		+		
48	+	72	+	60	÷	5	=	132
÷		÷		÷		-		
12	+	6	x	12	÷	6	=	24
=		=		=		=		
84		36		79		19		

Solution - 56

63	+	13	+	36	÷	6	=	82
+		+		+		+		
3	+	14	x	8	÷	4	=	31
+		x		x		+		
6	+	9	+	64	÷	16	=	19
-		-		÷		÷		
8	+	9	+	16	÷	8	=	19
=		=		=		=		
64		130		68		12		

Solution - 57

65	+	5	+	24	÷	8	=	73
+		+		+		-		
10	+	7	x	10	-	8	=	72
+		+		x		x		
3	+	14	+	10	-	6	=	21
-		-		-		-		
9	+	12	x	15	÷	3	=	69
=		=		=		=		
69		14		109		-43		

Solution - 58

42	+	16	x	49	÷	7	=	154
+		+		+		-		
13	-	9	x	35	÷	7	=	-32
x		x		+		x		
90	+	2	x	40	÷	20	=	94
÷		-		÷		÷		
15	+	8	+	10	÷	5	=	25
=		=		=		=		
120		26		88		-21		

Solution - 59

78	-	13	+	72	÷	8	=	74
-		+		-		+		
16	+	8	x	99	÷	9	=	104
x		x		x		x		
96	+	7	x	20	÷	5	=	124
÷		-		÷		-		
8	-	8	x	5	-	15	=	-47
=		=		=		=		
-114		61		-324		38		

Solution - 60

98	+	16	+	84	÷	12	=	121
+		-		+		-		
13	+	15	+	12	-	14	=	26
+		+		+		x		
78	-	66	+	45	÷	15	=	15
÷		÷		-		-		
13	+	6	x	15	-	13	=	90
=		=		=		=		
117		12		126		-211		

Solution - 61

88	-	3	x	8	÷	2	=	76
+		-		+		+		
14	+	9	x	14	-	9	=	131
+		x		x		x		
4	+	10	+	80	÷	8	=	24
-		-		÷		÷		
7	-	13	x	10	-	4	=	-127
=		=		=		=		
99		-100		120		20		

Solution - 62

30	+	15	x	11	-	9	=	186
+		+		-		-		
10	+	9	x	9	-	13	=	78
+		x		x		+		
66	+	10	+	70	÷	35	=	78
÷		-		÷		÷		
6	+	8	x	5	-	5	=	41
=		=		=		=		
51		97		-115		3		

Solution - 63

20	-	14	+	13	-	7	=	12
+		+		+		+		
10	+	12	x	36	÷	12	=	46
x		+		+		x		
12	-	55	+	60	÷	15	=	-39
-		÷		÷		÷		
4	-	5	+	30	÷	5	=	5
=		=		=		=		
136		37		51		43		

Solution - 64

56	+	3	x	63	÷	9	=	77
+		-		+		+		
12	-	16	x	2	-	6	=	-26
x		x		x		+		
39	+	45	x	40	÷	8	=	264
÷		÷		÷		-		
13	-	9	x	10	÷	5	=	-5
=		=		=		=		
92		-77		71		18		

Solution - 65

43	+	3	x	28	÷	7	=	55
-		+		-		-		
15	+	9	x	15	-	15	=	135
x		x		x		x		
72	+	4	x	96	÷	24	=	88
÷		-		÷		÷		
12	+	2	x	16	÷	8	=	16
=		=		=		=		
-47		37		-62		-38		

Solution - 66

90	-	7	x	50	÷	10	=	55
+		-		+		-		
6	+	9	x	10	÷	2	=	51
x		+		x		x		
56	+	33	x	60	÷	12	=	221
÷		÷		÷		-		
8	-	11	+	30	÷	10	=	0
=		=		=		=		
132		1		70		-24		

Solution - 67

42	+	3	+	90	÷	15	=	51
+		+		+		+		
7	+	14	x	80	÷	5	=	231
x		x		+		x		
36	+	80	+	36	-	54	=	98
÷		÷		÷		÷		
6	+	10	+	12	÷	6	=	18
=		=		=		=		
84		115		173		60		

Solution - 68

77	+	2	x	21	÷	7	=	83
+		-		+		-		
16	+	14	x	15	÷	5	=	58
x		x		x		x		
4	-	11	x	48	÷	12	=	-40
-		-		÷		-		
7	+	8	+	8	-	6	=	17
=		=		=		=		
134		-160		111		-59		

Solution - 69

82	+	10	+	11	-	14	=	89
+		+		+		+		
15	+	9	+	28	÷	7	=	28
x		+		x		x		
9	+	16	+	96	÷	4	=	49
-		-		÷		÷		
3	+	13	x	8	÷	2	=	55
=		=		=		=		
214		22		347		28		

Solution - 70

48	-	6	x	30	÷	5	=	12
+		+		+		+		
7	+	12	x	10	-	14	=	113
x		+		x		x		
5	+	3	+	8	-	98	=	-82
-		-		-		÷		
12	+	6	x	98	÷	14	=	54
=		=		=		=		
71		15		12		103		

Solution - 71

64	+	9	x	11	-	6	=	157
+		+		+		+		
2	+	7	+	11	-	10	=	10
x		x		x		x		
35	+	80	+	90	÷	6	=	130
÷		÷		÷		-		
5	+	10	+	45	÷	5	=	24
=		=		=		=		
78		65		33		61		

Solution - 72

96	-	3	x	15	÷	3	=	81
-		-		+		-		
16	+	11	x	4	÷	2	=	38
x		+		x		x		
96	-	8	x	96	÷	48	=	80
÷		-		-		÷		
12	+	5	+	72	÷	8	=	26
=		=		=		=		
-32		-5		327		-9		

Solution - 73

93	-	5	+	10	-	13	=	85
+		+		-		+		
14	-	2	x	15	÷	5	=	8
+		x		+		x		
80	+	45	x	80	÷	40	=	170
÷		÷		÷		÷		
8	+	5	x	10	÷	5	=	18
=		=		=		=		
117		23		3		53		

Solution - 74

84	+	15	x	60	÷	6	=	234
+		+		-		+		
6	+	9	+	15	-	3	=	27
+		x		+		x		
80	-	54	x	96	÷	48	=	-28
÷		÷		÷		÷		
8	+	9	x	12	-	16	=	100
=		=		=		=		
100		69		53		15		

Solution - 75

97	+	10	+	77	÷	7	=	118
-		+		+		+		
6	+	3	x	7	-	9	=	18
x		x		x		x		
30	+	14	x	96	÷	12	=	142
÷		-		÷		÷		
10	+	4	+	12	÷	6	=	16
=		=		=		=		
79		48		133		25		

Solution - 76

53	+	15	x	30	÷	10	=	98
+		-		+		+		
6	-	6	x	14	-	8	=	-86
x		x		x		x		
2	+	40	+	8	-	99	=	-49
-		÷		-		÷		
10	+	8	x	63	÷	9	=	66
=		=		=		=		
55		-15		79		98		

Solution - 77

65	+	5	+	20	÷	5	=	74
+		+		+		+		
14	+	2	+	42	÷	7	=	22
x		x		+		x		
6	+	42	+	80	÷	16	=	53
-		÷		÷		÷		
4	+	6	x	10	-	8	=	56
=		=		=		=		
145		19		70		19		

Solution - 78

17	+	9	x	42	÷	6	=	80
+		-		-		-		
15	+	3	+	7	-	10	=	15
x		x		x		x		
91	+	6	x	30	-	7	=	264
÷		-		÷		-		
13	-	14	x	10	÷	5	=	-15
=		=		=		=		
122		-23		21		-69		

Solution - 79

66	-	3	+	16	÷	8	=	65
+		+		+		+		
9	+	8	+	16	-	11	=	22
x		x		x		x		
45	+	5	+	15	-	2	=	63
÷		-		-		-		
15	+	15	x	55	÷	11	=	90
=		=		=		=		
93		28		201		19		

Solution - 80

93	+	10	+	96	÷	8	=	115
+		-		-		+		
14	-	2	x	60	÷	5	=	-10
x		+		x		x		
6	+	39	x	96	÷	12	=	318
÷		÷		÷		÷		
3	+	13	x	24	÷	6	=	55
=		=		=		=		
121		11		-144		18		

Solution - 81

53	+	9	+	39	÷	13	=	65
+		+		+		+		
3	+	11	x	4	-	7	=	40
x		+		x		x		
42	-	24	+	90	-	11	=	97
÷		÷		÷		-		
14	+	6	x	30	÷	10	=	32
=		=		=		=		
62		24		51		80		

Solution - 82

88	-	4	x	30	÷	10	=	76
+		+		+		-		
6	+	8	x	8	-	16	=	54
x		+		+		x		
96	+	3	x	60	÷	10	=	114
÷		-		÷		÷		
12	+	2	x	10	÷	5	=	16
=		=		=		=		
136		13		44		-22		

Solution - 83

53	+	8	x	56	÷	8	=	109
+		+		+		+		
14	-	2	x	40	÷	10	=	6
x		x		+		+		
48	-	2	+	72	÷	12	=	52
÷		-		÷		÷		
16	+	14	+	36	÷	6	=	36
=		=		=		=		
95		-2		98		20		

Solution - 84

40	+	4	+	90	÷	10	=	53
-		+		+		-		
6	+	2	x	81	÷	9	=	24
x		x		+		x		
64	+	36	x	64	÷	32	=	136
÷		÷		÷		÷		
16	+	12	x	16	÷	8	=	40
=		=		=		=		
16		10		175		-26		

Solution - 85

51	+	16	+	66	÷	11	=	73
+		-		+		+		
7	-	10	x	4	-	9	=	-42
+		x		+		x		
16	-	55	x	64	÷	16	=	-204
-		÷		÷		÷		
3	-	5	x	32	÷	8	=	-17
=		=		=		=		
71		-94		72		29		

Solution - 86

87	+	15	x	18	÷	6	=	132
+		+		+		+		
9	+	9	x	60	÷	15	=	45
x		x		+		x		
60	-	14	+	10	-	60	=	-4
÷		-		-		÷		
5	+	5	+	18	÷	6	=	13
=		=		=		=		
195		136		70		156		

Solution - 87

95	+	13	+	10	-	8	=	110
+		-		-		+		
4	+	5	+	15	-	6	=	18
+		x		x		x		
4	+	28	+	56	-	56	=	32
-		÷		÷		÷		
11	-	7	x	14	÷	7	=	-3
=		=		=		=		
92		-7		-50		56		

Solution - 88

24	+	7	x	30	÷	10	=	45
-		-		+		+		
14	-	16	+	42	÷	14	=	1
x		x		x		x		
8	+	12	x	3	-	36	=	8
÷		-		-		÷		
4	-	14	x	84	÷	6	=	-192
=		=		=		=		
-4		-199		72		94		

Solution - 89

57	+	2	x	12	-	4	=	77
+		-		-		+		
13	+	12	+	7	-	14	=	18
x		+		x		+		
13	+	16	x	90	÷	15	=	109
-		-		÷		÷		
9	-	9	x	45	÷	5	=	-72
=		=		=		=		
217		-3		-2		21		

Solution - 90

38	+	12	+	91	÷	13	=	57
+		+		-		+		
14	+	12	x	9	-	5	=	117
x		x		x		x		
90	-	70	+	84	÷	14	=	26
÷		÷		÷		÷		
6	+	5	x	21	÷	7	=	21
=		=		=		=		
248		180		55		23		

Solution - 91

60	+	4	x	65	÷	13	=	80
+		-		-		+		
6	+	7	+	7	-	7	=	13
+		+		x		x		
75	+	45	+	56	-	32	=	144
÷		÷		÷		÷		
15	-	5	x	7	-	8	=	-28
=		=		=		=		
71		6		9		41		

Solution - 92

70	+	13	x	4	-	12	=	110
+		+		+		-		
10	+	13	x	96	÷	12	=	114
+		+		x		x		
16	-	36	+	84	÷	12	=	-13
÷		÷		÷		÷		
4	+	9	x	42	÷	6	=	67
=		=		=		=		
84		30		196		-12		

Solution - 93

45	+	6	x	60	÷	5	=	117
+		+		+		-		
13	+	9	x	16	-	14	=	143
x		x		x		x		
42	-	13	+	60	÷	30	=	31
÷		-		÷		÷		
7	+	5	x	6	-	10	=	27
=		=		=		=		
123		118		220		-37		

Solution - 94

53	+	3	x	4	-	15	=	50
+		+		+		+		
7	+	14	+	10	-	4	=	27
x		+		+		x		
4	+	84	+	84	÷	6	=	102
-		÷		÷		-		
16	-	7	+	42	÷	6	=	16
=		=		=		=		
65		29		16		33		

Solution - 95

48	+	10	x	75	÷	15	=	98
+		+		-		-		
16	+	13	x	12	-	16	=	156
+		x		+		+		
65	+	10	x	77	÷	11	=	135
÷		-		-		-		
13	-	14	x	66	÷	6	=	-141
=		=		=		=		
69		126		74		4		

Solution - 96

59	+	9	x	10	-	16	=	133
-		+		+		+		
15	-	11	+	84	÷	12	=	11
+		x		+		x		
64	-	54	x	96	÷	16	=	-260
÷		÷		÷		-		
8	+	9	+	12	÷	6	=	19
=		=		=		=		
52		75		102		202		

Solution - 97

41	+	7	+	56	÷	14	=	52
-		+		+		-		
5	+	16	x	6	-	14	=	87
x		x		x		x		
60	+	28	x	96	÷	12	=	284
÷		÷		÷		÷		
15	-	7	x	48	÷	6	=	-41
=		=		=		=		
21		71		68		-14		

Solution - 98

71	+	7	+	60	÷	10	=	84
+		-		-		+		
13	-	15	x	25	÷	5	=	-62
x		x		x		x		
15	-	80	x	96	÷	32	=	-225
÷		÷		÷		÷		
5	+	16	x	16	÷	8	=	37
=		=		=		=		
110		-68		-90		30		

Solution - 99

66	-	12	+	14	-	14	=	54
+		+		+		-		
14	-	12	+	7	-	6	=	3
+		x		x		x		
90	-	48	x	84	÷	21	=	-102
÷		÷		÷		÷		
9	+	16	+	14	÷	7	=	27
=		=		=		=		
90		48		56		-4		

Solution - 100

78	-	12	x	78	÷	13	=	6
-		+		+		+		
6	-	2	x	28	÷	7	=	-2
x		x		x		x		
6	+	8	x	80	÷	10	=	70
-		-		÷		÷		
10	+	3	x	20	÷	5	=	22
=		=		=		=		
32		25		190		27		

Solution - 101

35	-	3	x	30	÷	10	=	26
+		+		-		+		
10	+	12	x	30	÷	6	=	70
+		+		x		+		
88	+	50	x	24	÷	6	=	288
÷		÷		÷		-		
11	+	10	x	8	-	4	=	87
=		=		=		=		
53		20		-60		18		

Solution - 102

54	+	13	+	5	-	4	=	68
+		+		-		-		
2	+	7	+	14	-	9	=	14
+		x		x		+		
15	+	6	+	80	÷	40	=	23
-		-		÷		÷		
14	-	2	x	10	÷	5	=	10
=		=		=		=		
57		53		-107		3		

Solution - 103

76	+	6	+	80	÷	10	=	90
-		+		-		-		
11	-	8	+	2	-	5	=	0
+		+		x		+		
11	-	12	x	60	÷	12	=	-49
-		÷		÷		÷		
7	+	2	x	12	-	6	=	25
=		=		=		=		
69		20		70		7		

Solution - 104

85	+	14	+	9	-	4	=	104
-		+		+		-		
8	+	14	x	88	÷	11	=	120
x		x		+		x		
60	+	3	x	9	-	30	=	57
÷		-		-		÷		
15	-	15	x	55	÷	5	=	-150
=		=		=		=		
53		41		51		-62		

Solution - 105

43	+	11	+	90	÷	6	=	69
+		-		+		+		
10	+	14	x	10	-	10	=	140
x		x		+		x		
6	+	12	+	49	-	42	=	25
-		-		÷		÷		
14	-	13	+	7	-	6	=	2
=		=		=		=		
89		-170		107		76		

Solution - 106

37	+	10	x	75	÷	15	=	87
-		+		+		-		
5	+	13	x	65	÷	13	=	70
x		x		x		+		
11	+	10	x	40	÷	20	=	31
-		÷		÷		÷		
14	-	2	+	10	÷	5	=	14
=		=		=		=		
-32		75		335		6		

Solution - 107

99	+	16	x	7	-	7	=	204
+		+		+		-		
5	-	2	+	77	÷	11	=	10
x		x		+		x		
11	+	35	x	40	÷	10	=	151
-		÷		÷		÷		
8	-	7	x	8	-	5	=	-53
=		=		=		=		
146		26		89		-15		

Solution - 108

57	-	9	x	70	÷	7	=	-33
-		-		-		+		
8	+	13	x	8	-	9	=	103
+		x		+		x		
6	-	7	+	20	-	98	=	-79
-		-		÷		÷		
9	+	2	x	5	-	14	=	5
=		=		=		=		
46		-84		66		70		

Solution - 109

30	+	15	x	5	-	5	=	100
-		+		+		-		
2	-	8	x	9	-	5	=	-75
x		x		x		x		
80	-	3	+	84	-	28	=	133
÷		-		÷		÷		
16	+	9	x	14	÷	7	=	34
=		=		=		=		
20		30		59		-15		

Solution - 110

43	-	3	x	13	-	4	=	0
-		+		+		-		
6	+	16	+	12	-	15	=	19
x		+		x		x		
13	+	12	+	36	-	84	=	-23
-		÷		÷		÷		
9	-	3	x	12	÷	6	=	3
=		=		=		=		
-44		23		49		-206		

Solution - 111

65	+	9	+	64	÷	16	=	78
+		-		+		+		
3	+	16	x	14	-	3	=	224
+		x		x		x		
40	-	96	+	63	-	96	=	-89
÷		÷		÷		÷		
8	+	16	+	7	-	8	=	23
=		=		=		=		
73		-87		190		52		

Solution - 112

78	-	4	+	90	÷	9	=	84
-		+		+		+		
6	+	4	x	54	÷	9	=	30
+		+		+		+		
99	-	10	x	72	÷	36	=	79
÷		-		÷		÷		
9	-	9	x	36	÷	12	=	-18
=		=		=		=		
83		9		146		21		

Solution - 113

26	+	3	+	56	÷	14	=	33
-		+		+		-		
10	-	2	x	25	÷	5	=	0
+		x		+		+		
11	-	4	x	8	-	30	=	-51
-		-		-		÷		
15	+	11	+	54	÷	6	=	35
=		=		=		=		
12		0		35		14		

Solution - 114

44	+	8	x	28	÷	7	=	76
+		-		+		+		
11	+	2	x	10	-	16	=	15
x		+		+		x		
14	-	9	x	75	÷	15	=	-31
÷		-		÷		÷		
7	+	5	+	5	-	5	=	12
=		=		=		=		
66		10		53		55		

Solution - 115

39	+	4	+	13	-	9	=	47
+		-		-		+		
11	+	3	x	30	÷	6	=	26
x		x		x		+		
35	-	64	x	30	÷	6	=	-285
÷		÷		÷		-		
5	+	16	x	10	÷	5	=	37
=		=		=		=		
116		-8		-77		16		

Solution - 116

46	+	9	x	7	-	12	=	97
-		+		+		-		
14	-	14	x	84	÷	12	=	-84
x		x		+		x		
5	+	35	x	30	÷	10	=	110
-		÷		÷		÷		
8	+	7	x	15	÷	5	=	29
=		=		=		=		
-32		79		93		-12		

Solution - 117

94	-	16	x	39	÷	13	=	46
+		+		-		+		
10	+	12	+	15	÷	5	=	25
+		x		+		x		
64	-	12	x	5	-	10	=	-6
÷		-		-		-		
16	-	7	x	84	÷	6	=	-82
=		=		=		=		
108		153		-55		57		

Solution - 118

23	-	14	x	16	-	11	=	-212
-		+		+		+		
10	+	9	x	78	÷	13	=	64
x		x		+		x		
4	+	15	x	60	÷	12	=	79
-		÷		-		÷		
6	-	5	x	11	-	6	=	-55
=		=		=		=		
-23		41		143		37		

Solution - 119

77	+	7	+	13	-	10	=	87
+		+		+		+		
6	-	3	x	9	-	13	=	-34
x		x		+		x		
13	-	54	x	80	÷	16	=	-257
-		÷		÷		-		
8	+	9	x	16	÷	8	=	26
=		=		=		=		
147		25		27		210		

Solution - 120

40	+	7	+	2	-	16	=	33
+		-		+		-		
4	+	13	x	27	÷	9	=	43
x		x		+		x		
70	-	16	+	96	÷	24	=	58
÷		-		÷		÷		
10	+	16	+	12	÷	6	=	28
=		=		=		=		
68		-217		37		-20		

Solution - 121

46	+	14	x	7	-	7	=	137
+		+		-		+		
15	+	9	+	36	÷	12	=	27
+		x		x		x		
15	-	7	x	70	÷	35	=	1
-		-		÷		÷		
3	+	9	+	14	÷	7	=	14
=		=		=		=		
73		68		-173		67		

Solution - 122

21	+	5	x	9	-	16	=	50
+		+		-		-		
9	+	10	x	10	-	12	=	97
x		x		x		x		
48	-	70	x	72	÷	36	=	-92
÷		÷		÷		÷		
12	+	14	x	9	-	12	=	126
=		=		=		=		
57		55		-71		-20		

Solution - 123

30	+	15	x	56	÷	7	=	150
-		-		-		+		
2	-	12	+	45	÷	9	=	-5
x		x		x		+		
45	+	75	+	45	-	60	=	105
÷		÷		÷		÷		
5	+	5	+	15	÷	5	=	13
=		=		=		=		
12		-165		-79		28		

Solution - 124

40	+	12	x	91	÷	7	=	196
-		-		+		+		
5	+	13	x	16	-	11	=	202
x		+		+		+		
20	-	9	+	42	÷	14	=	14
÷		-		÷		÷		
5	+	3	x	14	÷	7	=	11
=		=		=		=		
20		5		110		20		

Solution - 125

74	+	9	x	24	÷	6	=	110
+		+		-		-		
16	+	8	+	63	÷	7	=	33
x		x		x		x		
98	+	2	+	50	÷	10	=	105
÷		-		÷		÷		
7	+	16	+	10	÷	5	=	25
=		=		=		=		
298		9		-291		-8		

Solution - 126

60	-	10	+	36	÷	12	=	53
-		-		+		+		
5	+	7	x	42	÷	6	=	54
x		+		x		x		
32	+	60	+	84	-	56	=	120
÷		÷		÷		÷		
8	+	12	x	14	÷	7	=	32
=		=		=		=		
40		8		288		60		

Solution - 127

92	+	14	x	60	÷	5	=	260
-		+		+		-		
14	+	7	x	13	-	14	=	91
x		x		x		+		
64	+	20	x	80	÷	8	=	264
÷		÷		÷		-		
16	-	5	x	40	÷	5	=	-24
=		=		=		=		
36		42		86		-6		

Solution - 128

35	+	10	x	70	÷	10	=	105
+		+		+		+		
11	-	16	x	24	÷	8	=	-37
+		+		x		x		
54	+	18	x	90	÷	15	=	162
÷		÷		÷		÷		
6	-	6	+	15	÷	5	=	3
=		=		=		=		
55		29		214		34		

Solution - 129

79	-	16	x	7	-	16	=	-49
+		+		-		-		
10	+	10	+	14	-	16	=	18
x		x		+		x		
45	+	16	x	98	÷	14	=	157
÷		÷		-		÷		
9	+	2	+	21	÷	7	=	14
=		=		=		=		
129		96		70		-16		

Solution - 130

33	-	11	x	3	-	8	=	-8
-		-		+		+		
4	-	5	x	60	÷	12	=	-21
x		x		+		+		
70	+	5	x	16	-	13	=	137
÷		-		-		-		
14	-	3	+	60	÷	12	=	16
=		=		=		=		
13		-17		19		21		

Solution - 131

85	+	12	x	27	÷	9	=	121
+		+		+		+		
15	-	7	x	14	-	11	=	-94
+		+		x		+		
64	+	9	x	63	÷	21	=	91
÷		÷		÷		÷		
8	-	3	x	7	-	7	=	-20
=		=		=		=		
108		22		153		23		

Solution - 132

30	+	9	x	28	÷	7	=	66
+		-		-		-		
10	+	6	x	11	-	10	=	66
x		+		+		+		
15	+	10	+	56	÷	28	=	27
-		-		-		÷		
15	+	10	x	12	-	7	=	128
=		=		=		=		
165		3		61		1		

Solution - 133

17	+	16	x	80	÷	10	=	145
+		+		-		-		
3	+	5	x	8	-	13	=	30
x		+		x		x		
42	+	10	+	50	÷	10	=	57
÷		-		÷		÷		
14	+	15	x	5	-	5	=	84
=		=		=		=		
26		16		0		-16		

Solution - 134

87	+	13	x	65	÷	5	=	256
+		-		-		+		
4	+	14	+	84	÷	14	=	24
+		+		x		x		
16	-	54	+	60	-	60	=	-38
-		÷		÷		÷		
9	+	9	x	15	÷	5	=	36
=		=		=		=		
98		5		-271		173		

Solution - 135

49	+	9	x	25	÷	5	=	94
+		+		-		+		
16	+	11	+	52	÷	13	=	31
x		x		+		x		
40	+	84	+	48	÷	12	=	128
÷		÷		÷		÷		
10	-	6	+	12	÷	6	=	6
=		=		=		=		
113		163		-23		31		

Solution - 136

88	-	16	x	24	÷	8	=	40
+		-		+		-		
8	-	9	x	45	÷	9	=	-37
x		x		x		+		
70	+	30	+	60	÷	15	=	104
÷		÷		÷		÷		
14	-	10	+	10	÷	5	=	6
=		=		=		=		
128		-11		294		2		

Solution - 137

89	-	16	x	84	÷	7	=	-103
+		+		+		-		
12	+	16	x	96	÷	16	=	108
x		x		+		+		
42	+	40	+	64	÷	16	=	86
÷		÷		-		÷		
6	+	8	+	96	÷	8	=	26
=		=		=		=		
173		96		148		-7		

Solution - 138

22	+	9	x	3	-	16	=	33
+		-		-		+		
16	+	8	x	77	÷	7	=	104
+		x		x		+		
32	+	28	+	80	-	11	=	129
÷		÷		÷		-		
8	-	7	+	40	÷	5	=	9
=		=		=		=		
42		-23		-151		29		

Solution - 139

82	+	9	x	72	÷	9	=	154
-		+		+		+		
5	+	15	x	15	-	5	=	225
x		x		x		x		
72	+	12	x	77	÷	11	=	156
÷		-		÷		-		
9	+	16	x	7	-	9	=	112
=		=		=		=		
42		173		237		55		

Solution - 140

28	+	16	x	70	÷	5	=	252
-		-		+		-		
7	-	3	x	16	-	12	=	-53
+		+		+		x		
5	+	48	+	96	÷	16	=	59
-		÷		÷		÷		
3	-	8	x	16	÷	8	=	-13
=		=		=		=		
23		19		92		-19		

Solution - 141

28	+	6	x	96	÷	16	=	64
-		+		+		+		
13	-	12	x	11	-	14	=	-133
+		+		x		+		
70	-	80	+	12	÷	3	=	-6
÷		÷		-		-		
7	-	5	+	16	-	2	=	16
=		=		=		=		
25		34		212		31		

Solution - 142

47	+	3	x	2	-	6	=	47
+		-		+		+		
7	+	2	+	16	-	13	=	12
+		+		+		x		
52	-	40	+	96	-	42	=	66
÷		÷		÷		÷		
13	-	5	x	12	÷	6	=	3
=		=		=		=		
58		9		26		97		

Solution - 143

84	+	8	x	96	÷	6	=	212
+		-		+		+		
8	-	15	x	39	÷	13	=	-37
+		x		x		+		
5	-	10	+	48	÷	12	=	-1
-		-		÷		-		
15	-	2	x	12	÷	6	=	11
=		=		=		=		
82		-144		252		25		

Solution - 144

43	-	8	x	96	÷	6	=	-85
-		+		+		+		
5	+	12	+	10	-	12	=	15
+		x		x		x		
60	+	50	+	6	-	49	=	67
÷		÷		-		÷		
15	+	5	x	56	÷	7	=	55
=		=		=		=		
42		128		100		90		

Solution - 145

93	-	11	x	7	-	4	=	12
-		+		+		-		
12	+	10	+	5	-	3	=	24
x		+		+		+		
13	+	75	+	70	÷	7	=	98
-		÷		÷		-		
8	-	5	+	10	÷	5	=	5
=		=		=		=		
-71		36		19		3		

Solution - 146

24	+	12	+	15	-	16	=	35
+		+		+		-		
11	+	13	x	8	÷	4	=	37
+		x		x		+		
45	+	48	x	63	÷	21	=	189
÷		÷		÷		÷		
15	-	6	+	9	-	7	=	11
=		=		=		=		
38		116		71		15		

Solution - 147

45	-	5	x	13	-	6	=	-26
-		+		+		+		
12	+	6	x	36	÷	9	=	36
+		+		+		+		
9	+	11	x	9	-	63	=	45
-		-		-		÷		
9	+	3	x	15	-	9	=	45
=		=		=		=		
33		19		43		22		

Solution - 148

37	-	16	x	90	÷	6	=	-203
+		-		-		+		
10	+	15	x	55	÷	11	=	85
x		x		+		+		
72	+	80	x	90	÷	30	=	312
÷		÷		÷		÷		
9	+	16	x	15	÷	5	=	57
=		=		=		=		
117		-59		41		23		

Solution - 149

38	+	3	x	80	÷	16	=	53
-		+		+		+		
10	-	9	+	50	÷	10	=	6
x		+		x		+		
50	+	4	x	4	-	10	=	56
÷		-		-		-		
10	+	8	x	25	÷	5	=	50
=		=		=		=		
-12		8		255		31		

Solution - 150

85	-	7	x	40	÷	5	=	29
-		+		+		+		
4	-	3	+	30	÷	6	=	6
+		+		x		x		
7	+	14	x	60	÷	12	=	77
-		-		÷		-		
9	-	14	x	20	÷	5	=	-47
=		=		=		=		
79		10		130		72		

Solution - 151

45	-	2	x	84	÷	7	=	21
-		+		+		-		
16	+	4	+	12	÷	6	=	22
x		x		x		x		
6	-	24	x	60	÷	20	=	-66
-		÷		÷		÷		
9	+	6	x	10	÷	5	=	21
=		=		=		=		
-60		18		156		-17		

Solution - 152

47	+	2	+	15	÷	3	=	54
+		+		-		+		
7	+	10	x	13	-	12	=	125
x		+		+		x		
91	+	96	+	80	÷	8	=	197
÷		÷		÷		-		
13	-	8	x	8	-	15	=	-66
=		=		=		=		
96		24		12		84		

Solution - 153

93	-	7	+	15	-	2	=	99
+		-		-		+		
3	+	3	x	9	-	16	=	14
x		x		x		x		
2	-	4	x	75	÷	15	=	-18
-		-		÷		÷		
7	+	11	+	15	÷	5	=	21
=		=		=		=		
92		-16		-30		50		

Solution - 154

72	+	8	x	63	÷	9	=	128
-		-		-		-		
10	+	6	x	48	÷	8	=	46
+		x		x		x		
56	+	44	x	96	÷	24	=	232
÷		÷		÷		÷		
8	+	11	x	48	÷	6	=	96
=		=		=		=		
69		-16		-33		-23		

Solution - 155

24	+	2	x	70	÷	10	=	38
-		+		+		-		
7	+	5	x	30	÷	10	=	22
x		+		x		x		
4	+	42	+	96	÷	24	=	50
÷		÷		÷		÷		
2	+	14	x	16	-	8	=	218
=		=		=		=		
10		10		250		-20		

Solution - 156

22	+	2	x	15	-	2	=	50
-		+		+		-		
14	+	6	+	2	-	6	=	16
+		+		x		x		
98	+	88	+	84	÷	7	=	198
÷		÷		÷		-		
14	+	11	x	21	÷	7	=	47
=		=		=		=		
15		16		23		-47		

Solution - 157

25	+	15	x	18	÷	6	=	70
+		-		+		+		
5	+	10	+	10	-	10	=	15
x		x		x		x		
80	+	55	+	45	÷	15	=	138
÷		÷		÷		÷		
5	+	5	x	15	÷	5	=	20
=		=		=		=		
105		-95		48		36		

Solution - 158

23	+	11	x	2	-	15	=	30
+		-		+		+		
2	+	9	x	42	÷	6	=	65
x		x		x		x		
91	+	7	+	60	-	80	=	78
÷		-		÷		÷		
13	-	3	x	15	÷	5	=	4
=		=		=		=		
37		-55		170		111		

Solution - 159

42	+	9	+	13	-	3	=	61
+		-		+		-		
8	-	8	+	2	-	7	=	-5
x		+		x		x		
60	+	98	+	70	÷	14	=	163
÷		÷		-		÷		
10	+	7	x	9	-	7	=	66
=		=		=		=		
90		15		144		-11		

Solution - 160

93	-	12	x	4	-	11	=	34
+		-		+		+		
6	-	13	x	11	-	6	=	-143
x		+		+		x		
72	+	9	x	96	÷	32	=	99
÷		-		÷		÷		
12	+	13	x	16	÷	8	=	38
=		=		=		=		
129		-5		21		35		

Solution - 161

20	+	9	x	27	÷	9	=	47
-		+		-		-		
15	+	8	+	16	÷	4	=	27
+		x		x		x		
16	+	52	+	84	÷	42	=	70
÷		÷		÷		÷		
2	-	13	+	7	-	14	=	-18
=		=		=		=		
13		41		-165		-3		

Solution - 162

55	-	4	x	12	-	12	=	-5
+		+		+		-		
4	+	14	+	84	÷	6	=	32
x		+		x		x		
40	+	36	+	40	-	70	=	46
÷		÷		÷		÷		
8	+	6	x	10	-	10	=	58
=		=		=		=		
75		24		348		-30		

Solution - 163

50	+	11	+	36	÷	6	=	67
+		-		+		+		
5	+	9	x	16	÷	4	=	41
+		x		+		x		
96	+	70	+	70	÷	5	=	180
÷		÷		÷		-		
16	+	7	x	14	-	11	=	103
=		=		=		=		
61		-79		57		15		

Solution - 164

65	+	12	+	90	÷	9	=	87
+		+		+		+		
12	+	9	x	63	÷	7	=	93
+		x		x		+		
36	+	96	+	42	÷	14	=	135
÷		÷		÷		÷		
12	-	12	x	14	÷	7	=	-12
=		=		=		=		
80		84		279		18		

Solution - 165

83	-	9	x	15	÷	3	=	38
-		-		-		+		
2	+	5	x	77	÷	11	=	37
x		x		x		x		
36	-	2	x	84	÷	7	=	12
÷		-		÷		-		
6	+	11	x	21	÷	7	=	39
=		=		=		=		
71		-12		-293		73		

Solution - 166

83	+	2	+	14	÷	7	=	87
-		+		-		+		
5	+	10	x	84	÷	7	=	125
x		x		+		x		
11	-	2	x	60	÷	10	=	-1
-		-		-		÷		
16	+	14	+	2	-	5	=	27
=		=		=		=		
12		8		-12		21		

Solution - 167

45	-	10	+	24	÷	8	=	38
-		+		+		-		
7	+	10	x	16	-	15	=	152
+		+		+		+		
3	+	3	x	90	-	48	=	225
-		-		÷		÷		
7	-	11	x	18	÷	6	=	-26
=		=		=		=		
34		12		45		1		

Solution - 168

90	+	10	x	78	÷	6	=	220
+		-		-		+		
13	-	4	x	72	÷	8	=	-23
x		+		+		x		
84	+	36	x	60	÷	10	=	300
÷		÷		÷		÷		
6	+	9	x	6	-	5	=	55
=		=		=		=		
272		10		16		22		

Solution - 169

80	+	7	+	45	÷	9	=	92
+		-		+		+		
6	+	16	x	8	-	8	=	126
x		+		x		x		
14	+	40	x	45	÷	15	=	134
-		÷		÷		÷		
9	-	8	+	15	÷	5	=	4
=		=		=		=		
155		-4		69		33		

Solution - 170

50	-	5	x	39	÷	13	=	35
+		+		-		+		
3	+	13	+	48	÷	6	=	24
+		+		x		+		
2	-	10	+	80	÷	16	=	-3
-		-		÷		-		
6	+	13	+	40	÷	10	=	23
=		=		=		=		
49		15		-57		25		

Solution - 171

25	+	14	x	16	-	2	=	247
+		+		+		-		
2	+	6	+	40	÷	8	=	13
x		x		+		x		
66	+	88	+	88	÷	11	=	162
÷		÷		-		-		
11	+	8	x	60	÷	10	=	59
=		=		=		=		
37		80		84		-96		

Solution - 172

51	+	11	x	15	-	2	=	214
+		-		-		+		
12	-	11	x	20	÷	5	=	-32
x		x		+		x		
4	+	55	x	42	÷	14	=	169
-		÷		÷		÷		
2	+	5	x	6	-	7	=	25
=		=		=		=		
97		-110		2		12		

Solution - 173

64	-	6	+	77	÷	11	=	65
-		+		+		-		
8	+	7	+	15	-	14	=	16
+		+		x		+		
96	+	50	+	12	-	80	=	78
÷		÷		-		÷		
16	-	5	x	7	-	10	=	-29
=		=		=		=		
62		23		250		5		

Solution - 174

54	-	12	+	5	-	3	=	44
+		-		+		-		
15	+	8	+	4	-	7	=	20
x		x		+		x		
78	+	78	x	90	÷	30	=	312
÷		÷		÷		÷		
13	-	13	+	6	-	5	=	1
=		=		=		=		
144		-36		24		-39		

Solution - 175

51	-	4	x	10	-	12	=	-1
+		+		+		-		
13	-	11	x	77	÷	11	=	-64
x		x		+		+		
21	+	75	+	75	-	70	=	101
÷		÷		÷		÷		
7	+	15	+	15	÷	5	=	25
=		=		=		=		
90		59		92		15		

Solution - 176

86	-	13	+	16	-	14	=	75
+		-		-		+		
16	+	9	x	3	-	3	=	40
x		x		x		+		
75	+	4	+	24	÷	6	=	83
÷		-		÷		-		
5	+	16	x	8	-	11	=	122
=		=		=		=		
326		-39		7		12		

Solution - 177

51	-	11	x	65	÷	13	=	-4
+		+		+		-		
13	+	3	x	96	÷	16	=	31
+		+		x		x		
16	+	11	+	90	÷	15	=	33
-		-		÷		÷		
4	+	6	x	45	÷	5	=	58
=		=		=		=		
76		19		257		-35		

Solution - 178

51	+	6	x	55	÷	11	=	81
-		+		+		+		
8	-	9	x	16	-	7	=	-143
x		x		x		x		
80	+	5	x	14	-	13	=	137
÷		-		-		-		
10	+	14	x	48	÷	6	=	122
=		=		=		=		
-13		37		231		96		

Solution - 179

23	+	14	x	9	-	3	=	146
+		+		+		+		
8	-	2	x	72	÷	8	=	-10
x		x		+		x		
84	-	6	x	84	÷	14	=	48
÷		-		-		÷		
6	+	13	x	63	÷	7	=	123
=		=		=		=		
135		13		102		19		

Solution - 180

25	-	3	x	35	÷	7	=	10
+		+		-		-		
6	+	12	x	12	-	9	=	141
x		+		+		x		
64	-	63	x	56	÷	28	=	-62
÷		÷		÷		÷		
8	+	7	+	14	÷	7	=	17
=		=		=		=		
73		24		27		-29		

13 & 14 Times Table

2	x	13	=	26
3	x	13	=	39
4	x	13	=	52
5	x	13	=	65
6	x	13	=	78
7	x	13	=	91
8	x	13	=	104
9	x	13	=	117
10	x	13	=	130
11	x	13	=	143
12	x	13	=	156
13	x	13	=	169
14	x	13	=	182
15	x	13	=	195
16	x	13	=	208

2	x	14	=	28
3	x	14	=	42
4	x	14	=	56
5	x	14	=	70
6	x	14	=	84
7	x	14	=	98
8	x	14	=	112
9	x	14	=	126
10	x	14	=	140
11	x	14	=	154
12	x	14	=	168
13	x	14	=	182
14	x	14	=	196
15	x	14	=	210
16	x	14	=	224

15 & 16 Times Table

2	x	15	=	30
3	x	15	=	45
4	x	15	=	60
5	x	15	=	75
6	x	15	=	90
7	x	15	=	105
8	x	15	=	120
9	x	15	=	135
10	x	15	=	150
11	x	15	=	165
12	x	15	=	180
13	x	15	=	195
14	x	15	=	210
15	x	15	=	225
16	x	15	=	240

2	x	16	=	32
3	x	16	=	48
4	x	16	=	64
5	x	16	=	80
6	x	16	=	96
7	x	16	=	112
8	x	16	=	128
9	x	16	=	144
10	x	16	=	160
11	x	16	=	176
12	x	16	=	192
13	x	16	=	208
14	x	16	=	224
15	x	16	=	240
16	x	16	=	256

www.ingramcontent.com/pod-product-compliance
Lightning Source LLC
Chambersburg PA
CBHW062314220526
45479CB00004B/1156